印 迹

岁月工程　匠心筑梦

中国工程院战略咨询中心　编著

北京出版集团

北京出版社

图书在版编目（CIP）数据

印迹 ：岁月工程 匠心筑梦 / 中国工程院战略咨询中心编著 . -- 北京 ：北京出版社，2025.3. -- ISBN 978-7-200-19403-6

Ⅰ．TB-12

中国国家版本馆 CIP 数据核字第 2025PP1490 号

责任编辑：涂苏婷 罗晓荷
责任印制：彭军芳

印迹

岁月工程 匠心筑梦

YINJI

中国工程院战略咨询中心 编著

出 版	北京出版集团	
	北京出版社	
地 址	北京北三环中路 6 号	
邮 编	100120	
网 址	www.bph.com.cn	
总 发 行	北京出版集团	
发 行	京版北美（北京）文化艺术传媒有限公司	
经 销	新华书店	
印 刷	河北鑫玉鸿程印刷有限公司	
版 印 次	2025 年 3 月第 1 版第 1 次印刷	
开 本	787 毫米 ×1092 毫米 1/16	
印 张	23	
字 数	250 千字	
书 号	ISBN 978-7-200-19403-6	
定 价	88.00 元	

如有印装质量问题，由本社负责调换
质量监督电话 010-58572393

本书编写组

主　编： 黎青山

编　委： 曹建飞、张　晔、扈永顺
　　　　　周南雪、陈　岩

目　录

1994

长江三峡工程正式开工

据新华社报道，1994 年 12 月 14 日，经过长达 40 年论证的长江三峡工程正式动工，三峡工程可以发挥防洪、发电和促进航运事业发展的作用。其 1820 万千瓦的装机容量和 847 亿千瓦时的年发电量均居世界第一。

郑守仁

自己能直接参加三峡工程建设是毕生的荣幸。
我一定竭尽全力，与全体建设者一道，精心设计、
精心施工，共同努力，把三峡工程建成世界一流工程，
为伟大祖国争光，为中华民族争气。

郑守仁

2001年4月8日

郑守仁：巍巍大坝守护者

三峡工程号称"全球一号水电工程"，有人形象地称之为"科技博物馆"、世界级难题"题库"，有20多项经济技术指标名列世界之最。在解决这些科技难题的科研人员中，有一位被称为"工地院士"，他就是中国工程院院士郑守仁。

从乌江渡到葛洲坝，从隔河岩到大三峡，郑守仁一干就是半个多世纪。1993年起，郑守仁主持三峡工程设计总成及现场勘测、科研工作，在三峡坝区一待就是20多年。

三峡工程自2003年首台机组发电以来，已经平稳运行了20余年。由郑守仁以及众多科研人员、工程师打造的这一世界上最大的水利水电枢纽工程在防洪、发电、航运等方面取得了显著成效，对中国乃至全球的能源供应、经济发展都产生了重要影响。

"作为一名水利人，能参与三峡工程是最大的幸福。只要三峡工程需要我一天，我就在这里坚守一天。"郑守仁实现了诺言，两次患癌仍坚守三峡工地，昏迷前夕仍奔走在水利工地……他的生命早已和三峡大坝融为一体。

郑守仁淡泊名利、品格高尚，是把一生献给三峡工程的最美三峡人，是当之无愧的三峡之子。

三次截留长江，世界为之震惊

1974年至1981年间，郑守仁在异常艰苦的条件下，担负起葛洲坝导流围堰和大江截流设计的重任。那时法国有一家公司提出20万美元做一个大江截流方案，这对于刚刚改革开放、外汇不足的我国来说无疑是天文数字。

水利部长江水利委员会（后简称长江委）的专家们自己做方案，第一次挑战大江截流这一世界难题。他们借鉴国内外经验教训，进行大量模型实验。担任导流组组长的郑守仁提出用"钢筋石笼"为截流龙口护底，以此来增强抛投块体的稳定性。这大大减少了进占抛投料的流失，确保了大江截流一举成功。人类首次截流长江，世界为之震惊。

郑守仁回忆，"那时候工地的广播经常广播我的名字，要到现场去解决实际问题。在各个工地来回跑，每天要跑20到40公里"。

1993年，已年过半百的郑守仁，迎来人生中最大的挑战，也是一生最大的荣耀：担任长江委总工程师和长江委三峡工程设计代表局局长，担纲长江三峡工程的设计总负责人。

三峡工程建设中分别在1997年进行了大江截流和2002年进行了导流明渠截流，难度极大、风险极高，世所罕见，郑守仁直接主持设计了这两次截流的方案。

1997年的大江截流是在葛洲坝工程形成的水库中实施的，水深达60多米，超出一般的特大型工程截流水深的两三倍，江底还有20多米的松软淤沙，截流难度可想而知。

面对难题，郑守仁集中群体智慧，首创"人造江底，深水变浅"预平抛垫底方案，保证了大江截流顺利实施。该设计荣获国家优秀设计金奖，其技术成果荣获国家科技进步奖一等奖，跻身1997年世界十大科技成就之列。

继大江截流之后，郑守仁又带领团队成功实现2002年三峡导流明渠截流。截流前，他花了两年时间，通过水工模型反复试验和比较研究，提出双戗截流、分担高水头落差的良方。

导流明渠截流前夕，别人都惴惴不安，郑守仁却格外轻松。他胸有成竹地说，截流合龙已是胜券在握。自信源于他多次参与截流设计的丰富经验，也源于他率领的长江委设计人员为完善截流方案所做的精心准备。

2002 年 11 月 6 日上午，奔流千古的长江再一次被拦腰截断。

"三峡工程导流明渠截流成功"被两院院士投票评为 2002 年中国十大科技进展新闻之一。

三次挑战截流长江这一世界难题，郑守仁都是在工地上发现问题、研究问题、解决问题。他夜以继日奔走在工地上，与各方技术人员携手攻关，依靠科学民主的作风和集体智慧克服一个个技术难关，创下十几项优化设计成果，推广应用一系列新技术、新工艺和新材料。据不完全统计，经优化设计，仅主体工程就节省混凝土 100 多万立方米，节约投资 3 亿元。

凭借在坝工领域的杰出成就，郑守仁先后荣获了全国五一劳动奖章、湖北省科学技术突出贡献奖、何梁何利奖、国际大坝委员会终身成就奖等数十个国内外奖项。

不抠质量不讲科学就会付出血的代价

在郑守仁与水利工程结缘的一生中，对工程质量的精益求精，是他始终追求的原则，"三峡工程不能出现任何差错，要对工程负责，要对历史负责，我们设计标准是千年一遇，在有生之年可能都不会遇到这么大的检验，但是你要经得起历史的检验"。

成就奉献

1981 年　全国优秀工程勘察设计奖
1985 年　国家科学技术进步奖 特等奖
1998 年　全国优秀工程设计银奖
1999 年　国家科学技术进步奖 一等奖
2004 年　国家科学技术进步奖 二等奖
2004 年　何梁何利基金科学与技术进步奖
2005 年　湖北省科学技术进步奖
2005 年　国家科学技术进步奖 二等奖

"战战兢兢，如临深渊，如履薄冰"——这是周恩来总理当年对包括郑守仁在内的葛洲坝建设者的谆谆教诲。郑守仁始终把这句话镌刻在心里。事实上，郑守仁对工作的严谨细致，对工程质量近乎严苛的要求，也源于他两次刻骨铭心的经历。

1940 年，郑守仁出生在安徽省颍上县淮河边的小镇润河集。"大雨大灾，小雨小灾，无雨旱灾"，他的童年经受了淮河水患之苦。1948 年冬，家乡解放，淮河沿岸开展了大规模的治淮工程建设，在郑守仁家乡修建了润河集水利枢纽工程，这是淮河上修建的第一座水利枢纽工程。然而，润河集水利枢纽泄水闸在1954年泄洪时被冲毁，大片村庄和农田被淹没。洪水退后，这座水闸被迫拆除。当时，年仅14岁的郑守仁就立志水利报国。

郑守仁后来说，这座泄水闸被冲毁主要是因为设计防洪标准偏低、闸基地质勘探尚未查清、基础处理结构措施不当等，"搞水利工程，如果基础资料不搞准，设计就容易出事。所以搞水利工程跟水打交道，容不得任何的差池"。

1963年，郑守仁从华东水利学院河川枢纽及水电站建筑专业毕业，被分配到长江委工作，参与了乌江渡工程建设。由于乌江渡工地上一位负责人不讲科学地蛮干，就出了大事故。"1971年4月乌江发大水，预报当天水位要超过导流洞顶，本来应该撤退，但为了抢工期，工地负责人就让用木板挡水，结果水涨上来把导流洞淹了，造成施工人员伤亡事故。"郑守仁回忆，幸运的是，他被喊到洞进口上面开会，逃过了一劫。

"你不按照科学办事，就会造成人命。这都是血的教训。"郑守仁说。

三峡工程的质量是千年大计，作为工程设计总工程师，郑守仁始终坚持对国家负责、对人民负责、对工程负责、对历史负责，把工程质量看得高于一切。对每一块大坝基础、每一项分步工程、每一次工程验收，他都严格把关，一丝不苟。当看到多头转包、施工质量没有保证时，他立即找到有关负责人，直抒己见，要求"喊停"，不怕得罪人。

工程验收时，郑守仁更是丁是丁、卯是卯，凡不符合设计要求的地方，绝不"少数服从多数"。对发现的工程质量问题，除了向各有关单位反复强调进行处理外，他还提出技术处理措施补救，不留隐患。

令时任长江设计院枢纽处副总工陈磊印象最深的，是1995年三峡大坝的第一方混凝土要浇灌时，当时只有20多岁的他发现有个地方平整度有问题，要求修正。施工单位领导不服气，就向郑守仁告状。没想到郑守仁不讲情面、不打折扣，旗帜鲜明地支持陈磊。

陈磊说："我那时很年轻，在人家眼里就是愣头青，但郑总相信我们、坚持真理，我们在工作中就很有底气，严格控制施工

院士信息

姓　　名：郑守仁

民　　族：汉族

籍　　贯：安徽省 阜阳市 颍上县

出生日期：1940 年 1 月

当选信息：1997 年当选中国工程院院士

学　　部：土木、水利与建筑工程学部

院士简介

　　郑守仁，1963 年毕业于华东水利学院（现河海大学），水工专业。先后负责乌江渡、葛洲坝的导流、截流和隔河岩现场全过程设计，1994 年起负责三峡工程设计。

质量。"

　　1996 年临近春节，左岸非溢流坝 8 号坝段进行基础验收。经过几个来回，大年三十仍未达标。正月初一一大早，郑守仁直奔现场，指出缺陷后对施工人员说："基础不牢，地动山摇。三峡主体大坝基础万万不能马虎。"直到施工单位将缺陷处理妥当，他才同意验收。

　　1997 年，郑守仁已是院士，但是他还是一如既往地认真对待三峡工程重点部位的基础验收工作，仍必到现场严格把关，并主持编写了130多万字的《水利枢纽工程质量标准及监控》一书。

多年后，提起三峡工程的质量，郑守仁相当自豪，"三峡工程稳定运行了十几年，没有出现过质量问题；大坝靠近坝基的最低一层廊道我们可以穿着布鞋进去，右岸大坝400多万方水泥土没有出现裂缝，潘家铮院士说是创造了奇迹"。

与时间赛跑 续写忠诚与担当

女儿出嫁那天，郑守仁没能到现场送去祝福。父母生病时，郑守仁也没能守在榻前亲自照料。但他的一生，却与大坝、水利紧紧地连在了一起，续写着不变的忠诚与担当。

从三峡工程开工到建成，再到运行，郑守仁几乎没有离开过三峡坝区。他极少在武汉的家里待，与爱人把家就安在离三峡最近的地方：三峡坝区十四小区的一套简陋工房，一住就是27年。卧室里摆下一张床后，空间就所剩无几，一张桌子、一个简易衣柜，就能把逼仄的余地占据。因条件所限不方便生火做饭，坝区食堂就成了他日常解决三餐的"厨房"，即使他是院士和领导也都与普通员工一样在这里就餐。他患有肝病和心血管疾病，但为了更方便工作，他拒绝住院治疗，家里的桌上摆满了瓶瓶罐罐的药。

长期在工地过着简朴的生活，超负荷的运转，让郑守仁积劳成疾。2005年至2015年，郑守仁先后被查出患有前列腺癌和原发性肝癌等多种疾病，连续做了手术，但他依然没有停下脚步。除了外出开会、看病，他一定雷打不动每天出现在三峡坝区的办公室。

三峡工程建成投运后，郑守仁仍抱病坚守三峡工地，日复一日、争分夺秒地整理总结三峡工程有关资料。这项工作，最适合郑守仁干，也只有他能干。被毛泽东誉为"长江王"的著名水利专家林一山曾找人带信给郑守仁，要他一定把三峡工程的总结做好，因为只有郑守仁可以把这个总结做好。

在三峡工作的人，都知道郑守仁有一个习惯：保存好每一次会议纪要，亲笔撰写现场设计工作简报，供技术人员和相关专家参阅。虽然代表局只剩下几个人，郑守仁依然一期不落地坚持写简报。据统计，郑守仁主持召开三峡工程现场设计讨论会2500多次，形成会议纪要6800多万字。撰写现场设计工作简报500多期，超过400万字，为确保三峡工程的设计质量和施工质量奠定了坚实基础。

翻看这些会议纪要和工作简报，三峡工程建设时的每一点进展成就，每一个问题的发生和解决，每一次技术讨论和工作安排，都清清楚楚。时任长江委三峡工程代表局副局长林文亮说，工作简报和会议纪要是极为珍贵的第一手资料，是郑守仁走在三峡工地最真实、最细致的写照。

直到生命的最后时刻，郑守仁最挂念不下的依然是三峡工程建设运营的资料整理，"一定要用尽生命最后的力量把三峡工程的资料总结好，这里有些是经验，有些是教训，要吸取教训，给后人借鉴"。最终，230万字的《长江三峡水利枢纽建筑物设计及施工技术》由长江出版社于2018年出版。

2020年7月24日，郑守仁因病医治无效在武汉逝世，享年81岁。他的生命早已与三峡融为一体，他的贡献必将被长久铭记。

参考资料

［1］王贤、李思远、杨依军：《三峡之子：今生就在大坝守望——记中国工程院院士、三峡工程工程设计总工程师郑守仁》，新华网，2019年5月13日。

［2］水利部精神文明建设指导委员会办公室:《礼赞最美水利人 | 郑守仁:国之重器有巨匠!》,《中国水利报》,2020 年 5 月 1 日。

［3］长江委国科局、杨琳:《国之重器有巨匠——记长江委原总工郑守仁》,长江水文网,2019 年 11 月 20 日。

［4］潘锡珩:《用一生守护三峡的人走了:三峡水利枢纽工程设计总工程师郑守仁在汉病逝》,《楚天都市报》,2020 年 7 月 24 日。

［5］陈晨:《郑守仁:用一生守护三峡大坝》,《光明日报》, 2019 年 10 月 1 日。

1995

我国率先研制出第一块液态锂电子电池

据新华社报道，在中国科学院、科技部等项目支持下，中国工程院院士、中国科学院物理研究所研究员陈立泉带领团队于1995年研制出我国第一块液态锂电池。在此基础上，团队解决了锂电池规模化生产的科学技术与工程问题，实现了锂电池的产业化。

陈立泉

瞄准目标

抓住机遇

笨鸟先飞

造福人民

陈立泉

二〇〇八年三月四日

陈立泉：引领中国电池创新潮流

由于对中国乃至全球新能源产业发展产生的深远影响，陈立泉被人称为"中国锂电池之父"。但他总是拒绝这个称号，摆摆手说："这个分量太重了，我只是做了我应该做的。"

以锂离子电池为代表的二次电池广泛应用于手机、电动车，以及电力储存等领域。陈立泉带领中国科学院物理研究所研究团队，攻关锂电池40多年，在国内首先研制成功锂离子电池，解决了锂离子电池规模化生产的科学技术与工程问题，实现了锂离子电池的产业化，为现代电动汽车、便携式电子设备等众多领域的进步奠定了基础。

近年来，陈立泉还带领团队开展了固态锂电池、钠离子电池、锂硫电池等电池体系中的物理化学过程研究和相关材料的设计、合成和电化学性能等研究，为开发下一代动力电池和储能电池打下了基础。

如今，已是耄耋之年的陈立泉依然活跃在科研前线，指导学生进行前沿研究。"咱们这个国家需求什么，我们就做什么。"陈立泉说。虽然已白发苍颜，但他壮志依旧：电动中国的梦想一定能实现。

率领中国锂电池突围

自从1990年索尼公司成功将液态锂离子电池商业化以后，锂离子电池因其高能量密度、长寿命和相对轻便的特点，已经被广泛应用于便携式电子设备、电动汽车以及电网中。根据工业和信息化部装备工业发展中心发布的《动力电池产业发展指数（2024 年）》，我国动力电池企业全球市场占有率 2023 年达到了 62.9%，其中磷酸铁锂电池市场份额在逐年增加。锂电池产业异军突起的背后，是陈立泉 40 多年前的一次果断决策。

1978 年，留学回国的陈立泉相继在中国科学院物理研究所（后简称物理所）创立了国内第一个固态离子学实验室并展开研究。终于，在 10 年后的 1988 年，我国第一块固态锂电池在物理所诞生。但由于当时材料体系、电芯设计、制造工艺都不成熟，其短期内并不具有被商业化的可能性。1990 年，陈立泉在得知日本索尼公司（索尼株式会社）的商业化液态锂离子电池后，决定"放下"还不成熟的固态锂电池，转而研发液态锂离子电池，这个决定为中国锂电池发展赢得了先机。

"中国要想尽快赶超日本，实现中国锂电突围，需要采取符合我国发展需要的分步走策略。"经过无数个深夜的思索徘徊，陈立泉最终决定：先从相对简单但电池综合性能稍低的液态锂离子电池技术方向突围，实现从跟跑到领跑。

1993 年，研究经费接续不上，陈立泉心急如焚地找到中国科学院的领导求援，"锂离子电池非常重要"，锂电池由此复活。中国科学院给予了最大限度的支持，但研究经费依然不够。陈立泉找到一位敢于冒险的企业家补足缺口后，立即开始研发。

在当时极其有限的科研条件下，陈立泉与团队不仅研究了锂离子电池正极材料的制备方法、基本特性和材料性能，取得了一系列基础研究方面的突破性进展，还依靠自制的设备，采用国产原材料和自主技术，建成了圆柱形电池实验线。

1995 年，我国第一块 A 型锂离子电池在物理所诞生。当时学生黄学杰刚刚结束欧洲访学，回到物理所，陈立泉邀请他接任了固态离子学与能源材料课题组组长。

那时实验室每天做的锂离子电池数量还不足 10 块，而产业化之前的中试线至少需要每天生产 1000 块。当时课题组的人、财、设备极其有限，而且在那个连燃油汽车都还未普及的年代，发展"暂时还看不到用途"的汽车电池，这实在太"天方夜谭"，几乎没有企业敢投资。回忆起那段经历，黄学杰很是感慨："那段时间，'板凳'都是冰凉的，几乎干不下去了。"

但他们没有放弃，黄学杰找到物理所领导，问如果他们转换赛道做产业化，所里能否给予更大支持？黄学杰这么做的底气，源于首批锂离子电池样品的技术水平。1996 年，中国科学院辗转将 A 型电池样品送到当时最大的手机生产商美国摩托罗拉公司进行测试，很快得到了正面的评价结果，结果显示电池性能已达到国际先进水平。

一颗小小电池，拉开我国锂离子电池产业发展序幕。

"研究所往前走半步，企业向前走半步"

产业要想发展，离不开企业。陈立泉的想法是，"研究所往前走半步，企业向前走半步，先共建一条中试线，等技术成熟了，产业化就能做起来了"。

关键时刻，中国科学院鼎力支持，拿出了启动资金 80 万元。并且在物理所和中国科学院领导的牵线搭桥下，陈立泉和学生黄学杰找到了投资方，凑齐了中试所缺的 600 万元。

几经周折，陈立泉团队于 1997 年建成了一条年产 20 万只 18650 型锂离子电池的中试生产线。这条生产线像是一间"手工作坊"，设备只有少量靠引进，其余都是自制的。

陈立泉回忆，这是一条"三个为主"的生产线——以我国自己的技术为主、自己的设备为主和自己的原材料为主。"现在看来，它的生产能力微不足道，但当时却是中国锂电池产业化跨时代的见证。"

为了更好地了解锂离子电池生产的每一个环节，在这条实验线上，陈立泉和团队当了一年多的"工人"，什么脏活、累活他们都干。"累了，直接关灯，趴在桌上睡一会儿，起来继续干。"陈立泉的学生、中国科学院物理研究所研究员李泓说。

这一年多的经验对陈立泉团队来说受益匪浅，他们不仅更了解了锂离子电池生产的每一个环节，也让他们的电池研究更符合产业发展的需要。通过中试，他们解决了锂离子电池规模化生产的科学技术与工程问题，产品性能和成品率都处于当时国际先进水平。

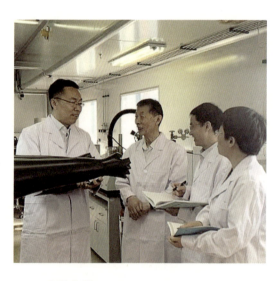

成就奉献

1988 年　中国科学院科学技术进步奖 特等奖
1989 年　国家自然科学奖 一等奖
1999 年　中国科学院科学技术进步奖 二等奖
2003 年　何梁何利基金科学与技术进步奖
2024 年　中国科学院杰出科技成就奖

中试的成功，让陈立泉距离电动中国梦更近了一步，"必须凝聚社会力量发展出一批行业龙头企业，技术研发与产业应用一盘棋"。

陈立泉受中国科学院中科集团董事长张云岗之邀，筹划并推动聚合物锂离子电池公司（ATL）的创办，推动宁德时代新能源科技股份有限公司（CATL）的成立和发展。

2009 年，日韩企业呈现压倒性领先优势，在一次讨论会上，陈立泉做了

《中国锂电如何突围》的报告，提出锂电突围取决于三个方面——对基础研究的重视、政府和企业家的资金投入，以及正确的国家战略。CATL时任董事长张毓捷听完报告后，与陈立泉击掌明誓"中国锂电突围从 CATL 开始"。陈立泉作为公司学术委员会主任，选择合适技术路线，密切推动公司与研究院所、大专院校的紧密合作，为公司培养和输送技术人才。如今，以 CATL 为龙头，一大批企业联合发力，将中国在动力、储能锂电池市场上的全球占有率均推向了世界第一。

复兴全固态锂电池

尽管锂离子电池已经在商业界取得了巨大的成功并且成为我们日常生活中必不可少的一部分，然而许多新兴的应用设备迫切需要比现有锂离子电池能量密度更高、更安全的电池。固态锂电池被广泛认为是最有前景的技术之一。其实，坚持最终实现全固态的研发策略，一直是陈立泉的"初心"。

时间再次回到 40 多年前，陈立泉从事科研之初，专攻晶体生长的研究工作。1976 年底，36 岁的陈立泉作为短期交换学者赴德国的马克斯－普朗克固体研究所（马普所）开展晶体生长研究。

但到了马普所后，陈立泉发现几乎整个马普所都在研究氮化锂（Li_3N）。这是一种超离子导体，可以用来制备固态锂电池。其能量密度远远高于铅酸电池，并且可能应用在电动汽车上。陈立泉当即就意识到这是一种重要的材料，继续对这个领域深入理解也非常重要。他立刻写信给物理所的领导要求更换研究方向，领导很快就同意了，但前提是他必须先完成晶体生长的课题。

陈立泉把原计划用一年时间完成的晶体生长的任务，用了 5 个月时间完成，然后他开始学习固体离子学并研究超离子导体。

这也是陈立泉研究固态锂电池的开端。

　　1978 年，陈立泉回国后，继续研究固态离子学，他倡导并牵头了中国科学院"六·五"锂离子导体重大项目、"七·五"固态锂电池重大项目，以及国家 863 计划"七·五"储能材料（聚合物锂电池）项目。1988 年，陈立泉研发出了国内第一块固态锂电池。即便在转变方向研发液态锂电池的过程中，陈立泉也没有放弃思考固态锂电池，他希望在中国锂电池产业发展中，能凭借

院士信息

姓　　名：陈立泉

民　　族：汉族

籍　　贯：四川省南充市

出生年月：1940年3月

当选信息：2001年当选中国工程院院士

学　　部：化工、冶金与材料工程学部

院士简介

　　陈立泉，功能材料专家，主要从事锂电池及相关材料研究。1964年毕业于中国科学技术大学，获学士学位。

固态锂电池在国际上处于绝对领先地位。

　　"中国要持续领先，必须发展固态锂电池。"陈立泉说。2013年在宁波电池讨论会上，他提出了中国要发展固态锂电池。2015年，在中国科学院物理研究所举行了第一届固态电池讨论会。

　　历时38年，陈立泉和李泓等人终于在2016年创新性提出了"原位固态化"技术路线，在国际上率先解决了固相界面的世界难题，开发了具有我国独立知识产权的核心技术和与之相匹配的关键核心材料，形成了固态电池整体解决方案。技术孵化成立了研发和生产固态电池的北京卫蓝新能源科技有限公司。

2023 年 6 月，物理所将一块由我国自主研发、能量密度每公斤 360 瓦时的半固态锂电池正式交付电动汽车的龙头企业，在业内引发热议。同时，该技术研发的固态电池能量密度更高，能让无人机的飞行时间延长 20%，能够使电动汽车一次充电后的续航里程超过 1000 公里，这是目前国际上最先进的新能源电池之一。

物理所团队预计 2027 年实现全固态锂电池初步的产业化和规模量产。陈立泉近半个世纪前的梦想，在今天逐步实现。

参考资料

［1］扈永顺：《复兴固态锂电池——专访中国工程院院士陈立泉》，《瞭望》新闻周刊，2024 年 12 月 10 日。

［2］韩扬眉、刘如楠：《中国锂电池"突围记"》，《中国科学报》，2024年 3 月 11 日。

［3］禹习谦、索鎏敏、陈一霞：《陈立泉：心系"电池"事 肩扛国家责》，光明网，2024 年 2 月 23 日。

［4］《非凡的跨越 我国锂电池产业异军突起的背后》，央视新闻，2024年 10 月 2 日。

1996

"两系"法杂交水稻取得突破性进展

　　据《新京报》报道，1996年，农业部提出了超级稻育种计划，袁隆平领衔的科研团队接连攻破超级稻亩产700公斤、800公斤、900公斤、1000公斤和1500公斤的难题，五期目标已全部完成。

袁隆平

发展杂交水稻
造福全界人民

袁隆平

97.10.21.

袁隆平：人就像种子，要做一粒好种子

"人就像种子，要做一粒好种子。"这是袁隆平院士生前常说的一句话。他也用一生，为这句话写下了注脚。

袁隆平是杂交水稻研究领域的开创者和带头人，也是世界上第一个成功利用水稻杂种优势的科学家，被誉为"杂交水稻之父"。他冲破传统学术观点的束缚，于1964年开始研究杂交水稻，成功选育了世界上第一个实用高产杂交水稻品种。杂交水稻的成果自1976年起在全国大面积推广应用，使水稻的单产和总产得以大幅度提高。1996年，农业部正式立项超级稻育种计划。4年后，第一期大面积种植每亩700公斤目标实现。随后便是2004年800公斤、2011年900公斤、2014年1000公斤的"三连跳"。2020年，又实现了双季稻周年亩产稻谷1500公斤的攻关目标，为解决中国粮食安全和世界饥荒问题做出了杰出贡献。

2023年9月7日，在全国一所以"隆平"命名的学校——江西省德安县隆平学校，初二学生正在诵读《袁隆平与杂交水稻》生物课本篇目。这样的生物教材因为袁隆平已经改了三版。在第三版教材中，内容变化让人泪目。教材中的最后一段这样写道："2021年5月，袁隆平院士在长沙逝世，享年91岁。直到2021年，他还坚持在水稻南繁基地开展科研工作，他将一生都奉献给了杂交水稻事业。"

如今，在袁隆平身后，已经有几代年轻的科学家，逐渐担当起振兴中国种业的重担。

"就像候鸟追着太阳"

袁隆平出生在战乱年代，从小跟着家人过着颠沛流离的逃难生活。挨过饿，也亲眼见过路有饿殍的袁隆平，把捧稳饭碗看得比任何事都重要。

20世纪50年代初期，由于土地改革和农业政策的实施，农民的生产积极性得到了提高，但受限于当时的农业技术水平和生产条件，水稻的亩产量并不高。1950年，我国水稻平均亩产只有141公斤，谁来养活当时6亿人口？

天将降大任于斯人也。在国内外研究杂交稻处于迷茫之际，袁隆平来了。

1953年，袁隆平从西南农学院遗传育种专业毕业后，被分配到湖南安江农校（现为怀化职业技术学院）工作。"作为新中国培育出来的第一代学农大学生，我下定决心要解决粮食增产问题，不让老百姓挨饿。"袁隆平立誓。年轻的袁隆平便从红薯育种研究教学转向了国家最需要的水稻育种研究。

1956年，袁隆平带着学生们开始了农学实验。当时中国全盘照学苏联，他以为按照苏联生物学家米丘林、李森科的"无性杂交"理论是可以改良品种或创造新的品种的，但实际上嫁接当代获得的优异性状不能遗传给下一代。

1961年，在学校的试验田里，袁隆平意外发现一株"鹤立鸡群"的特异稻株。他细心地数着这株水稻上的稻粒数，发现较大一穗竟然多达230粒，而且颗粒饱满。这一发现让袁隆平喜出望外，因为一株稻穗的稻粒数越多，意味着水稻亩产越高。此后，灵感告诉他，这株水稻是一株"天然杂交稻"！这为杂交水稻带来了新的可能性。此后，袁隆平十年如一日地"钻"进去进行田间实验和科学研究。

但道路从来都不是一帆风顺。对"三系"配套的研究，前 6 年都失败了。"哪有搞科学研究不失败的呢？失败了就失败了。我这是在探索，跌跤就跌跤，我再爬起来再干就是了。"袁隆平说。

一直到 1970 年，袁隆平团队在海南发现了"野败"，使袁隆平找到了杂交水稻的突破口，为我国和世界杂交水稻科研停滞不前的状况带来了转机。1973 年 10 月，在江苏省苏州市召开的水稻科研协作会议上，袁隆平发表《利用"野败"选育"三系"进展》的论文，标志中国籼型杂交水稻"三系"配套的成功。

回忆起那段攻坚克难的日子，袁隆平记忆里最深刻的细节之一，是背着够吃好几个月的咸菜，转乘好几天的火车，前往云南、广西和广东等地，只为寻找合适的温光条件。他每年秋冬季就到南方开展南繁试验，有 7 个春节没有回家和家人团聚。两个儿子出生时，他都不在妻子身旁。他回忆说，这样的经历"就像候鸟追着太阳"。

成就奉献

1978 年 全国科学大会奖	2000 年 国家最高科学技术奖
1981 年 国家技术发明奖 特等奖	2001 年 湖南省农业科技工作杰出贡献奖
1987 年 联合国教科文组织科学奖	
1988 年 英国让克基金会农学与营养奖	2001 年 菲律宾拉蒙·麦格赛赛基金奖
1990 年 全国优秀科技图书奖 一等奖	2002 年 中国图书奖
1991 年 湖南省科技兴湘奖	2003 年 全国优秀科技图书奖 一等奖
1991 年 国家科学技术进步奖 三等奖	2004 年 沃尔夫农业奖
1992 年 湖南省科学技术进步奖 二等奖	2004 年 泰国金镰刀奖
	2004 年 世界粮食奖基金会世界粮食奖
1993 年 中国图书奖	
1993 年 美国费因斯特基金会拯救世界饥饿（研究）荣誉奖	2004 年 美国世界粮食奖基金会世界粮食奖
1994 年 何梁何利基金科学与技术进步奖	2005 年 亚太种子协会（APSA）杰出研究成就奖
1995 年 联合国粮农组织粮食安全保障荣誉奖	2011 年 马哈蒂尔科学奖
	2013 年 国家科学技术进步奖 特等奖
1996 年 日本经济新闻社日经亚洲奖	2013 年 世界和平奖
1996 年 国家科学技术进步奖 三等奖	2017 年 国家科学技术进步奖 一等奖
1998 年 湖南省科学技术进步奖 二等奖	2020 年 麦哲伦海峡奖
1998 年 日本越光国际水稻奖事务局越光国际水稻奖	

他用"三系"配套法育成的杂交水稻，"南优2号"具有根系发达、穗大粒多等优点的强优势，这是世界上首次育成强优势杂交水稻。

此后，袁隆平提出新的"两系"法杂交稻研制。但考验再次降临，没想到启动不到两年，就遭遇当头棒喝。一场异常低温导致全国"两系"法杂交水稻制种大面积失败。一时间，科研界不少人唱衰"两系"育种，研究甚至一度被相关单位和一些科研人员放弃。

袁隆平和全国"两系"法杂交水稻科研协作组重要成员顶着巨大压力，重新研究"两系"不育系的光温敏特性，最终找到解决方法，让"两系"法起死回生。1995年，"两系"法杂交水稻研究取得突破性进展，大面积推广。

冲刺"禾下乘凉梦"

即使新的突破不断，也没人觉得袁隆平会稍作停顿。

曾有记者问袁隆平，"三系"法杂交稻你可以吃一辈子，为什么还要领衔后面的研究？

"我总是感到不满足。搞科学研究，不断地想攀高峰。"他回答。

国际水稻研究所研究员谢放鸣说，中国杂交水稻一直处在全球领先的地位，拥有科研、生产和推广的绝对优势。中国杂交水稻一次又一次地实现技术飞跃，最关键是袁隆平。

第三代杂交稻技术是袁隆平提出的兼有"三系"法和"两系"法优点的杂交稻育种技术。

时间回到2020年11月2日上午，在湖南长沙的国家杂交水稻工程技术研究中心，时年90岁的袁隆平透过大屏幕，盯着200公里外的稻田。

　　这次测产的晚稻，是属于杂交水稻最新攻关技术的第三代杂交水稻技术，在经历当年罕见的低温寡照天气后，平均亩产仍达到了 911.7 公斤。加上当年 7 月测得这个基地的早稻平均亩产为 619.06 公斤，双季稻亩产实现了"1500 公斤高产攻关"的目标，创造了新的世界纪录。

　　"非常满意！"几天后，当记者采访袁隆平时，他还很兴奋，"第三代杂交稻又是新的突破，平均亩产比现有的高产杂交稻增产 10% ～ 20%。"

院士信息

姓　　名：袁隆平

民　　族：汉族

籍　　贯：江西省九江市德安县

出生年月：1930 年 9 月

当选信息：1995 年当选中国工程院院士

学　　部：农业学部

院士简介

　　袁隆平，1953 年毕业于西南农学院。1964 年开始研究杂交水稻，1973 年实现"三系"配套，1974 年育成第一个杂交水稻强优组合"南优 2 号"，1995 年成功研制"两系"杂交水稻。

　　"我们现在有两张王牌，一张王牌是超优千号（第五期超级杂交稻），还有一张王牌，就是第三代杂交稻。" 袁隆平曾说自己有两个目标：一个是将这两张王牌发展到 1 亿亩，按照每亩增产最低 100 公斤来算，可以增产 100 亿公斤；另一个目标是，耐盐碱水稻（俗称"海水稻"）发展到 1 亿亩，按照每亩增产 300 公斤算，可以增产 300 亿公斤粮食。

　　"海水稻"是袁隆平生前率队攀登的另一座高峰，他将杂交

"海水稻"研究作为杂交水稻研究的重要方向之一。2020年10月，由袁隆平"海水稻"团队和江苏省农业技术推广总站合作试验种植的耐盐水稻平均亩产达802.9公斤，创下盐碱地水稻高产新纪录。

这位被农民尊称为"米菩萨"的科学家，总对科研成果有一套独特的表达方式——每一项技术的突破、每一亩杂交稻的推广，都会被他换算成又能多养活多少人了。"100亿公斤粮食可以多养活4000万人口，相当一个山西省的人口。300亿公斤是湖南省全年粮食总产量，可以多养活1亿人啊……"

袁隆平还在向他广为人知的两个梦想奔跑："禾下乘凉梦"和"杂交水稻覆盖全球梦"。他真做过这样一个梦。梦里，水稻长得有高粱那么高，穗子像扫把那么长，籽粒像花生那么大，袁隆平和助手坐在稻穗下乘凉。"其实我这个梦想的实质，就是水稻高产梦，让人们吃上更多的米饭，永远都不用再饿肚子。"

他相信，这些梦不只是梦。"借助科技进步，中国完全能解决自己的吃饭问题，还能帮助世界人民解决吃饭问题。"

让杂交稻技术贡献全人类

2010年，时任世界粮食计划署执行总干事乔塞特·希兰撰文写道："当我在世界各地访问时，人们问我为什么如此有信心可以在我们这一代消除饥饿——这确实是我深信不疑的，中国就是我的回答。"

包括袁隆平在内的大批农业科技工作者，已经给出了消除饥饿的中国答案。"袁老师胸怀人民，也胸怀天下。他有一个世人皆知的杂交水稻覆盖全球梦。我曾工作过的湖南省农业科学院，在他的带领下，长期坚持为亚非发展中国家提供技术援助和培养本土化高素质专业人才。"湖南农业大学农学院院长吴俊说道。

在 2006 年的中非合作论坛上，我国承诺在非洲建立 10 个有特色的农业技术示范中心，湖南省农业科学院援建的马达加斯加杂交水稻示范中心是其中之一。这个位于非洲大陆以东、八成人口从事农业生产的岛国，气候适宜水稻生长，但水稻产量一直不高，近 200 万人面临饥荒威胁，每年需要进口大米 40 万吨。为帮助马达加斯加实现粮食自给自足，从 2007 年开始，中国专家扎根当地，推广能够适应的杂交水稻品种、培训农业技术人员和水稻种植户、帮助改善土质结构。

　　2017 年 8 月，马达加斯加农牧渔业部植保司长萨乎里一行专程来到湖南长沙，为袁隆平带来一份特殊的礼物——一张面值 2 万阿里亚里的新版马达加斯加币，上面印着一束杂交水稻。

　　萨乎里向袁隆平介绍，水稻是马达加斯加人民最重要的粮食作物，中国的杂交水稻在马达加斯加的种植面积越来越大，马达加斯加人民基本已经摆脱了饥饿。"为了感谢您，我们特地选择杂交水稻作新版货币图案。"

　　袁隆平去世后，马达加斯加原农业部官员菲利贝尔再次来到长沙，将一碗来自马达加斯加的杂交水稻大米放在袁隆平的墓前。菲利贝尔说："如果没有袁隆平教授，马达加斯加就不知道有杂交水稻品种。没有杂交水稻，马达加斯加就不能像中国一样发展。"2024 年 9 月，前来中国参加中非合作论坛的马达加斯加总统拉乔利纳，专程到访了湖南，他对记者说："面对袁隆平的研究成果，我曾讲过，养活民众至关重要，拯救国家义不容辞……"

　　截至 2022 年 12 月，中国杂交水稻在马达加斯加累计推广面积 7.5 万公顷，平均单产从原来的每公顷 3 吨左右，提升到现在的每公顷 7.5 吨，帮助当地向实现粮食自给自足的目标迈了一大步。这个以稻穗入国徽的国家，靠杂交水稻，即将终结进口大米的历史。

最近的 2024 年中非合作论坛北京峰会，当人们在新闻里看到中非农业合作的内容时，总是会再想起袁隆平。除了非洲，越南的湄公河畔、印尼的苏门答腊岛、巴基斯坦的印度河平原、尼日利亚的丘陵河谷地带……杂交水稻已经推广种植和引进试种到数十个国家和地区。

"洞庭湖的老麻雀——见过几回大风浪"，这是湖南人常说的歇后语。在讲述自己的杂交水稻梦时，袁隆平说："有人说我是洞庭湖的老麻雀，但我更愿意做太平洋上的海鸥，让杂交水稻技术越过重洋。"

"袁老师离开了，但他留给我们杂交水稻这一世界领先、彪炳史册的创新成果，还留下了宝贵的科学家精神。"吴俊感慨道。

《袁隆平与杂交水稻》生物课本篇目的最后一段，再也不会改版了。

参考资料

［1］徐欧露：《杂交水稻：东方魔稻》，《瞭望》新闻周刊，2020 年 12 月 5 日。

［2］陈加宁：《袁隆平的"禾下乘凉梦"》，《瞭望》新闻周刊，2020 年 12 月 13 日。

［3］周勉、袁汝婷：《一颗稻谷里的爱国情怀——记"杂交水稻之父"袁隆平》，新华社客户端，2019 年 4 月 23 日。

［4］杜若、原孙超：《"杂交水稻之父"袁隆平院士——一稻济世万家粮足》，《人民日报》，2021 年 5 月 23 日。

［5］张振中：《风吹过稻田，我们又想起您》，《农民日报》，2024 年 9 月 7 日。

［6］蓝虹：《一株"野败"背后：生物基因多样性的威力》，《中国环境报》，2023 年 2 月 7 日。

［7］吴俊：《很想和他再道一声"教师节快乐"——回忆我的带培导师、中国工程院院士袁隆平》，《科技日报》，2024 年 9 月 10 日。

1997

我国成功从牛角椒材料中选育出综合性状优良的胞质雄性不育系 9704A

据澎湃新闻报道，1993 年，邹学校所在研究团队在 6421 繁育群体中发现了天然的不育突变株，用可育株 6421 的花粉授粉，能正常结果产生种子。采用成对授粉杂交的方法，在 1997 年成功创制出了综合性状优良的胞质雄性不育系 9704A，并于 2000 年 2 月通过湖南省农作物品种审定委员会审定。

邹学校

发展辣椒产业
弘扬辣椒文化

邹学校

邹学校：守护百姓菜篮子

作为舶来品的辣椒，在我国已有数百年种植历史，如今已成为老百姓餐桌上最常见、风味最丰富的食材之一。辣椒也是我国种植面积最大的蔬菜，面积达 3200 万亩。

中国工程院院士、湖南农业大学校长邹学校，又被大家亲切地称为"辣椒院士"。30 多年来，他带领团队培育出 160 多个辣椒品种，高峰时期所育品种约占同类品种面积的 60%，占鲜食辣椒同类品种面积的 80% 以上。常规杂交选育一个优质的新辣椒品种至少要 8 至 10 年，邹学校和他的团队却能缩短育种时间，提高育种效率，在两年里培育出一个优良新品种。谈起如此高产育种的"秘籍"，邹学校说："我们会在各地收集特色的地方资源，找出它们在抗病性、产量等方面存在的问题，做研究，做改良。"

除了研发新的辣椒品种，开展辣椒种质资源保护，邹学校还为我国辣椒产业发展"诊脉"，剖析我国辣椒产业发展状态，及时"对症开药"。

"值得注意的是，在 2017 年之前，我国辣椒几乎没有进口，而从 2018 年以来，我国辣椒进口数量开始大于出口数量。"邹学校表示，"针对这一问题，我国辣椒产业除了向优势地区转移以降低成本外，未来我国辣椒产业还将进一步向高品质、品牌化、市场细分化、宜机化方向发展。"

几十年如一日研制优质高产辣椒种子

辣椒已经从一个区域性、季节性的品种，变为我国种植面积最大的蔬菜，作为地地道道的农家子弟，邹学校对农民充满了感情，他几十年如一日地研制优质高产的辣椒种子，是为了帮农民赚更多的钱，他常说，"我是从农村出来的，我最知道农民需要什么"。

30多年来，邹学校一直从事辣椒遗传育种工作，带领团队在辣椒优异种质资源创制、育种技术创新、新品种培育等方面取得了系列创新性成果，全面提升了我国辣椒品种早熟、丰产、抗病、耐贮运、加工、机械化采收水平，引领了辣椒育种方向。

20世纪80年代，邹学校作为主要参与人，针对我国当时辣椒地方品种产量低、上市晚等问题，利用辣椒杂种优势育种技术，育成了早熟、高产系列辣椒杂交品种；90年代初，邹学校针对当时辣椒连年连片种植导致病害严重、品种抗性差等问题，主持突破了辣椒多抗性人工接种鉴定技术，选育出抗病毒病、疮痂病、疫病和日灼病等抗多种病害的辣椒品种；90年代后期，邹学校针对辣椒规模化基地生产的需求，利用辣椒雄性不育育种技术，育成了高产、抗病、商品性好、耐贮藏运输的系列辣椒品种。

新技术方面，分子育种技术缩短了育种年限，提高了育种效率，能够增强蔬菜作物抗性、提高产量、改善品质，是目前蔬菜作物育种的主流技术。邹学校突破了辣椒分子标记育种技术，开发了辣椒雄性不育、抗根结线虫、高辣椒素等性状的分子标记用于辅助育种和品种纯度鉴定。分离鉴定了辣椒花青素、辣椒素合成、抗根结线虫和雄性不育等性状相关功能基因19个。

21世纪初，邹学校利用分子标记辅助选择技术，突破了辣椒高产就难以高辣椒素的技术瓶颈，育成了加工专用品种13个，鲜食、加工兼用品种10个。"相对番茄、黄瓜等蔬菜品种，我国辣椒的分子育种水平还比较落后，我们也正在积极开展这方面的工作，争取几年内赶上去。"邹学校说。

近年来，针对劳动力成本高的问题，邹学校育成了坐果集中、适合高密度种植、便于机械化采收的博辣红牛等 6 个辣椒新品种，平均增产 8.6%，每亩节约采收成本 700 元左右。

此外，邹学校还进一步推动辣椒口味多元化和应用多元化。我国辣椒的产量已经有了充分保障，需要在风味、口感、应用上不断满足不同人群及不同行业的多元化需求。"只存在于辣椒里

的辣椒素可以应用到各行各业，例如应用到催泪弹、药物、保健品和生物农药等，甚至可以添加到油漆内用于喷涂远洋轮船外身，防止海洋生物附着船舶。"邹学校说。

发力种质资源保护与研究

邹学校认为，随着科技的不断进步，某种蔬菜的某种特性、某个基因有可能发挥很大作用，取得令人意想不到的效果，屠呦呦发现青蒿素就是一个十分典型的例子。

早在20世纪80年代，邹学校就带领团队系统开展了辣椒种质资源研究，建成我国保存份数最多的辣椒种质资源库，创制出育成品种最多、应用最广的辣椒骨干亲本。

经系统评价，邹学校团队筛选出抗病抗逆性强、品质优、丰产性好的优异种质资源426份，创制重要育种材料20份。上述优良种质被湘研、兴蔬、赣椒、苏椒、皖椒等全国20多家单位广泛应用，效益显著。团队还对来自世界各地的375份辣椒种质资源进行了重测序和农艺性状调查。首创辣椒基因表达数据库，明确了辣椒根、茎、叶、花、

成就奉献

1995 年	国家科学技术进步奖 二等奖
2000 年	国家科学技术进步奖 二等奖
2002 年	湖南省光召科技奖
2003 年	国家科学技术进步奖 二等奖
2008 年	光华工程科技奖青年奖
2011 年	湖南省科学技术进步奖 一等奖
2015 年	湖南省科学技术进步奖
2016 年	国家科学技术进步奖 二等奖
2017 年	何梁何利基金科学与技术进步奖
2021 年	湖南省科学技术杰出贡献奖
2022 年	高等教育（本科）国家级教学成果奖 二等奖
2022 年	云南省科学技术进步奖 一等奖
2023 年	全国创新争先奖状

果实特定发育时期及非生物胁迫和激素处理下的基因表达模式。

邹学校创制了3个辣椒骨干亲本。利用优异资源"伏地尖"经5年8代系统选择，育成抗性强、耐低温弱光、早期挂果能力强的早熟骨干亲本5901。再利用5901与抗病性强、耐贮运的矮秆早杂交，经5年10代自交和定向选择，育成优良亲本9001，提高了抗病性和耐贮运性。全国多家育种单位利用5901及其衍生系9001育成辣椒优良品种46个。

利用优异资源"河西牛角椒"经6年8代系统选择，育成抗4种病害，耐热、耐旱，高温下坐果能力强的中熟骨干亲本6421。并在6421中发现天然不育株，经6年10代选择，育出我国首个易恢复、配合力强的辣椒胞质雄性不育系9704A。全国多家育种单位利用6421及其衍生系9704A育成优良品种63个。

利用优异资源"湘潭迟班椒"经5年7代单株定向选择，育成抗5种病害，耐热、耐湿、耐贮运的晚熟骨干亲本8214。利用8214与潘家大辣椒杂交，再与长沙光皮椒杂交，经7年10代自交和定向选择，育成优良衍生系9003，提高了抗病性和商品品质。利用8214与永丰线椒杂交，再与中国台湾美香分离自交系杂交，经10年自交和定向选择，育成优良衍生系J01-227，提高了加工成品率，改善了风味。全国多家育种单位利用8214及其衍生系9003、J01-227等育成优良品种72个。

全国育种单位利用上述3个骨干亲本及其衍生系育成优良品种165个，占全国同期审定辣椒新品种的23.34%；在20多个省大面积应用，累计推广面积达1.3亿亩，是我国育成品种数量最多、育成品种种植面积最大的骨干亲本。

此外，对于更多的蔬菜品种种质资源保护问题，邹学校建议，首先国家相关部门应组建专门团队来收集整理蔬菜种质资源。我国地域辽阔，对一些偏远地区独有的蔬菜品种，需要依靠专门团

队尽可能地收集并且记录在册，详细记录这些物种的生长习性和表型特征。这种专人系统和持续地对某一类资源和品种的调查和保护形成体系，数年后我们可能从民间收集到不少有很高价值的种质资源。

再者，在种质资源保护研究的资金投入方面，国家科研资金应起主导作用。因为种质资源保护研究属于公益性基础性研究，短期内很难产生经济效益，很难纯粹靠市场获得研究经费。建议

院士信息

姓　　名：邹学校

民　　族：汉族

籍　　贯：湖南省 衡阳市 衡阳县

出生年月：1963 年 7 月

当选信息：2017 年当选中国工程院院士

学　　部：农业学部

院士简介

　　邹学校，蔬菜育种专家，主要从事辣椒种质资源创制、育种技术创新、新品种培育等方面研究。1986 年毕业于湖南农学院，获农学硕士学位。

国家增加投入力度，强化种质资源的收集和保护，让科研人员无后顾之忧地做科研，为我国种业长远发展奠定基础。

推进辣椒产业转移，降低生产成本

我国辣椒生产成本较高是一个大问题。邹学校提到，我国鲜、干辣椒的出口量从 2004 年到 2023 年总的趋势都在增加，2017

年前鲜、干辣椒进口量很少，但从 2018 年开始大幅度增加，到 2022 年，印度和乌干达等国家的干辣椒就抢占了我国干辣椒 5% 的市场，说明我国辣椒产业在国际上没有太大竞争优势。

"解决生产成本高的问题，辣椒产业向优势产区转移，实现规模化生产是降低辣椒生产成本最有效的办法。我们认为应向新疆、内蒙古、甘肃等地转移。"邹学校说。

邹学校团队在新疆沙湾、焉耆、博湖、石河子等地调研辣椒适宜产区，发现焉耆垦区地处欧亚大陆中心，光照充足，热量丰富，

多晴少雨，昼夜温差大，空气干燥，是理想的辣椒优势生产区域。而且新疆地广人稀，特别是垦区的农事操作以机械化为主，容易形成规模种植。此外，新疆具备贸易区位优势，与俄罗斯、哈萨克斯坦、吉尔吉斯斯坦等国接壤，是我国农产品出口的最重要通道之一。

内蒙古巴彦淖尔属中温带大陆性季风气候，光照充足，热量丰富，气温日较差平均为 13~14℃，日平均日照时数为 8.52~9.04 小时，还有自流黄河水浇水灌溉，且多为沙性土，排水快，非常有利于辣椒生长发育。且巴彦淖尔地势平坦，便于机械化操作、规模化生产。

甘肃省加工辣椒的种植面积已由 2015 年的 18 万亩增长到 2024 年的 45 万亩，扩种潜力大。

根据邹学校的统计，我国干辣椒的 70% 和鲜果加工辣椒的 30%，共计约 800 万亩辣椒将转移到新疆、内蒙古和甘肃。能给新疆、内蒙古新增第一产值 300 亿元，第二、三产值 900 亿元，总产值超过 1200 亿元。

辣椒种植转移到优势产区，将减少输出区的土地占用量。长江以南亩产干辣椒 200 公斤以下，河南、山东、河北、山西、陕西等省亩产干辣椒 400 公斤以下，在新疆、内蒙古进行常规生产，亩产量都在 1000 公斤以上，高产地区亩产达 1200 公斤。我国辣椒生产向新疆、内蒙古转移 200 万亩，相当于在长江以南可减少 1200 万亩辣椒耕地，在华北地区可减少 600 万亩辣椒耕地占用。

此外，邹学校认为干辣椒、加工辣椒向新疆、内蒙古转移，还有较好的技术优势。比如新疆已有的先进的番茄机械化播种、工厂化育苗，肥水一体化管理技术以及棉花机械化采收和去杂技术可供借鉴。辣椒机械化生产只要在上述基础上稍做改进，就能实现辣椒全程机械化、规模化，有效降低我国辣椒产业生产成本。

参考资料

［1］庾炼、扈永顺：《推进辣椒产业转移降低生产成本——专访中国工程院院士、湖南农业大学校长邹学校》，《瞭望》新闻周刊，2025 年第 1 期。

［2］湖南农业大学科技处：《辣椒院士——邹学校》，科普湖南，2021年 12 月 14 日。

［3］周勉：《中国工程院院士 邹学校：保障百姓吃菜安全》，新华社客户端，2022 年 3 月 29 日。

1998

中国自主研发的歼-10战斗机首飞成功

据《科技日报》报道，1998年3月23日，歼-10首飞，2004年定型，成为中国航空工业技术迈向新阶段的一座重要里程碑。其间，航空电子系统研究室、具有国际先进水平的数字式电传飞控系统铁鸟试验台、高度综合化航电武器系统动态模拟综合试验台等多个航空科研设计机构应运而生。歼-10项目成就了一批中国航空工业的栋梁。

宋文骢

戈马信步小人从山
青骥奋蹄白云端
深幽崎峻通天路
同心无畏任我攀

至二节和青年们登龙泉山

乙酉冬苏轼
二〇〇五于成都

宋文骢：中国航空武器装备事业的先行者和拓荒者

2016 年 3 月 22 日，中国失去了一位大师——中国工程院院士、中航工业成都飞机设计研究所首席专家、原副所长兼总设计师，歼 –10 飞机总设计师宋文骢逝世，享年 86 岁。令人叹息的是，第二天便是他的生日，也是歼 –10 战斗机首飞成功 18 周年的纪念日。1998 年 3 月 23 日，被称为"争气机"的歼 –10 终于完成了首飞，宋文骢特意将自己的生日改为了 3 月 23 日。

中国歼 –10 是由我国自主研发的第三代战斗机，是在新中国百废待兴的境地下花费 20 多年打造的战略精品，而宋文骢为这项事业做出了丰碑般的贡献。这一突破性成就使我国成为世界上少数几个能够自主研发先进战斗机的国家之一。

宋文骢是中华人民共和国成立以来自行培养的飞机设计师中的"头雁"。作为中国航空工业的先驱人物，他的卓越贡献不仅体现在研制歼 –10 战斗机的创新与成功上，更在于他在中国航空工业战线上奋斗了 50 多个春秋，带领团队有力地推动了中国航空工业实现跨越式发展。

出乎意料的转折

宋文骢能成为"歼 –10 之父"，源自一段机缘巧合。

20 世纪 80 年代，随着国际军事技术的飞速发展，中国空军亟须一款能够匹敌世界先进水平的第三代战斗机。1982 年 2 月，中国新一代战机研制方案评审论证会在北京召开。会议的主题，就是评审由沈阳 601 所提出的新机设计方案。

宋文骢作为成都 611 所的代表应邀参加了会议，但任务只是去"帮助参谋参谋，完善完善方案"。或许是为了做到优中选优，会议"意外地"决定让 611 所也汇报下新歼方案。

宋文骢和同事们借了几张空白的明胶片，连夜从带来的资料中，将飞机图形、基本数据、重要性能等逐一摘录下来，制作成汇报用的明胶片，一直忙到深夜。宋文骢后来调侃道："我们这叫作临阵磨枪，不快也光。"

到宋文骢作报告时，他从未来战争怎么打开始讲，提出新战机应具备的基本战术技术指标，然后用准备好的明胶片展示了团队多年来研究设计的鸭式气动布局方案，令在座所有人印象深刻。经过 10 天的讨论，会议决定暂停选型，给 3 个月时间让 601 所和 611 所完善各自方案再行定夺。

1984 年，经过 3 次新歼选型会和发动机选型会的反复研究，611 所的鸭式气动布局方案被最终确定为新歼击机方案。1986 年，邓小平批准新歼研制，列为国家重大工程，代号"十号工程"。随后，国防科工委正式任命宋文骢担任新歼击机总设计师。

"逆袭"背后的 24 年硬功夫

中国航空工业从 1953 年启动到 1983 年这 30 年中，一直走着"仿制"的道路，工业化底子薄，航空工业创新也乏力。在三代战机的竞争中，老大哥单位 601 所的方案尽管花费了巨大的心血，提出了不少新的设计理念，也借鉴了当时世界一些先进国家的研究成果，并实事求是地考虑了当时国内航空工业面临的现实，但方案总体上还是没跳出传统飞机设计的布局，比较保守。

歼 -10 在气动外形、机体结构、飞控系统等各个方面在国内都是全新设计，新技术应用超过 60%。而按照一般原则，这一比例不应该超过 30%。"有人说这注定要失败，简直是异想天开。"歼 –10 项目原行政副总指挥晏翔回忆说，宋文骢坚持己见。

自信的背后，是宋文骢在航空领域数十年的不断探索、刻苦钻研与丰富实践。

在抗美援朝战场上，宋文骢成为一名空军机械师。回国后第二年，他考入哈尔滨军事工程学院开始了飞机设计生涯。他是飞机总设计师中少数上过战场的人，总想着要将战术要求与飞机设计结合，总想着研制好用的新飞机，让中国航空工业快速向前走。

1958 年，宋文骢还是哈军工三期空军工程系一科的学生，就参加了"东风 113"项目，担任该型飞机总体设计组组长。一个大三学生担此重任，在世界飞机设计史上十分罕见。虽然在"大跃进"的背景下，"东风113"项目无疾而终，但在整个研制过程中，宋文骢的专业水平得到了极大提升。更为重要的是，在实际摸索中，他逐步积累起飞机总体设计应"着眼全局协同各系统，总体牵头一条龙推动"等宝贵经验。

此后，宋文骢又先后参与和主导了歼-7、歼-8、歼-9等多个项目的研制，虽然其间有成功也有失败，但他对中国未来航空技术和航空工业发展的认识与思考在不断加深。

成就奉献

1990年　航空航天部科技进步奖 一等奖
1991年　国家科学技术进步奖 二等奖
2001年　中航集团"航空报国金奖"
2002年　国防科学技术进步奖 二等奖
2002年　何梁何利基金科学与技术进步奖
2006年　国家科学技术进步奖 特等奖
2006年　中航集团科技进步奖 一等奖
2006年　航空航天月桂奖——大国工匠奖
2007年　军队科学技术进步奖 一等奖

例如，歼-9项目虽然历时10余年而最终凋谢，但对鸭式布局进行了深入细致的研究。与此同时，宋文骢还敏锐地察觉到，如何在超声速条件下运用机动性战术，将是新歼研制面临的一个关键问题。为此，他专门创建了战术性能和气动布局专业，主要承担飞机型号发展基础性、战略性和前瞻性的开拓性工作，还自己联系其他科研单位和空军部队推动超音速作战研究，在地面进行拦射武器系统的动态模拟试验。所有这些，都为此后歼-10的成功奠定了基础。

"不等、不靠、不要！"

宋文骢生前对一件事一直"耿耿于怀"。1960 年春天，按照协议，苏联派出一组专家来华咨询。在一次会议上，一位苏联专家发言时掏出一个小本子，宋文骢的一位同事无意中凑过头去看，结果这位专家瞪了他一眼，会后还大做文章提出了抗议。这件事深深刺激了年轻的宋文骢，让他意识到依赖他人只会让自己永远处于被动。从此，他下定决心，要走出一条中国独立自主设计研制飞机的道路。

歼 -10 战斗机是中国第一款由亚洲人独立自主研制的第三代战斗机，具有许多创新设计，如国内首次采用的腹部进气道、独一无二的水泡式座舱，以及先进的数字式电传飞控系统和鸭翼布局的三角翼设计。这些设计使得歼 -10 在气动外形、机体结构、飞控系统等方面均达到了国际先进水平，研制难度之大，难以想象。

在歼 -10 的设计和研制过程中，宋文骢既是领导又是专家。他力主技术民主，鼓励创新，性格开朗且点子多，常被同事们戏称为"宋老鬼"。在经费有限的情况下，宋文骢带领设计技术人员，紧缩开支，一分钱掰成两半花，一步一个脚印，先后攻克了先进气动布局、数字式电传飞控系统、高度综合化航电武器系统等系列关键技术，实现了航空科研设计方面的多个"第一"。

歼 -10 的设计方案对数控加工水平要求极高，尤其是起落架部分，成为设计试制中的一大难题。为了加快项目进度，曾考虑与国外专家合作，但谈判陷入僵局。外国专家高傲地表示："你们的技术不行，你们的方案不行，你们的人员不行。这样的起落架你们是搞不出来的！等你们干不了的时候，随时可以来找我们，但那时的价钱我们只能再协商。"

宋文骢对此记忆犹新，他坚定地告诉负责起落架的同志们：

"不要等，不要靠，也不要指望外国人会帮我们，要通过我们自己的努力让歼-10飞机的起落架流着我们自己的血液。"

1998年3月23日，是歼-10首飞的日子。宋文骢在停机坪远处与首席试飞员雷强做了一个手势，目送雷强走向飞机，然后迅速回到塔台，在指挥大厅的后面找了一个不显眼的位置坐下。雷强登上飞机，飞机发动、滑行、加速，随着一阵巨大的轰鸣，飞机抬起前轮，瞬间冲天而起。全场的人们欢呼、跳跃、鼓掌，

院士信息

姓　　名：宋文骢
民　　族：汉族
籍　　贯：云南省 大理白族自治州
出生年月：1930 年 3 月

当选信息：2003 年当选中国工程院院士
学　　部：机械与运载工程学部

院士简介

　　宋文骢，飞机总体设计专家。1960年毕业于哈尔滨军事工程学院。我国飞机设计战术技术论证、气动布局专业组的创始人之一。

　　有人把手中的鲜花抛向天空，向飞机和飞行员致敬。飞机在主席台上空环绕 3 圈后，雷强在空中主动请求再飞 1 圈，现场指挥中心同意了他的请求。飞机超额完成首飞任务后，稳稳地降落在跑道上。

　　雷强向主席台的领导报告完毕，突然转向宋文骢。他上前几步，举手向宋文骢敬了个军礼，兴奋地说："宋总，这才叫真正的飞机啊！"首飞成功后的庆功宴上，宋文骢高兴地对年轻人说，他出生于 3 月 26 日，歼-10 首飞成功是 3 月 23 日，"以后，我的生日就是这天了！"

"生日"成为新一轮攻坚的起点，历经数千次的定型试飞，歼-10 于 2006 年正式列装中国空军航空兵部队。

歼-10 首飞成功那一年，宋文骢 68 岁，离被任命为歼-10 总设计师之时，已过去整整 12 年。12 年前，有人曾当面问他："搞一个型号少则 8 年 10 年，多则 20 年，你今年 50 多了，这飞机能在你手里设计定型吗？"宋文骢回答道："这架飞机能不能在我手里定型，我说了不算。但有一点可以肯定的是，通过这架飞机的研制，中国一大批现代飞机设计研制的人才肯定会成长起来，我们只要为他们铺好了路，到时候我老宋在不在没关系，自然会有比我宋文骢更高明的人来接着干。"

宋文骢用实际行动给出了答案。在他的带领下，一支具有先进理念、敢于创新、掌握着先进战机研发技术和经验的优秀人才队伍快速成长起来，成为中国现代航空工业的栋梁。

参考资料

［1］尚前名：《送别歼-10 之父宋文骢：将生日改为歼-10 首飞日》，《瞭望》新闻周刊，2016 年 4 月 5 日。

［2］张天南、杨元超：《骢马朝天疾——记"歼-10 之父"宋文骢院士》，《解放军报》，2018 年 3 月 30 日。

［3］袁新立、郭美辰：《追忆"歼-10 之父"宋文骢：让起落架流着我们自己的血液》，人民网，2017 年 3 月 23 日。

［4］舒德骑：《歼-10 之父宋文骢：倾尽此生付长空》，北京日报百度客户端，2023 年 10 月 10 日。

1999

神舟一号成功发射

　　据《光明日报》报道，1999 年 11 月 20 日，"神舟一号"飞船发射成功，标志着我国载人航天技术实现新的重大突破。"神舟一号"飞船经过 21 个小时太空飞行，返回舱于 21 日凌晨 3 时 41 分顺利降落着陆，完美实现中国载人航天工程首飞。以"神舟一号"发射成功为开端，中国开启了追梦太空的壮丽腾飞。

戚发轫

航天领域的每一项成就
都凝聚着集体的劳动
和集体的智慧

戚发轫
二〇〇四年十二月二十六日

书于神舟四号发射现场
——酒泉卫星发射中心

戚发轫：星辰筑梦者

空间站"T"字形基本构型在轨组装完成，嫦娥五号或找到月球有"本地水"的证据，长征八号运载火箭一箭22星创造新纪录……乘着"航天强国"梦想的翅膀，中国航天六十余载负重前行、厚积薄发，在浩瀚的太空写下崭新的壮美诗篇。

接续奋斗的圆梦之路，是什么力量让一代代航天人不畏艰辛、勇毅前行？从中国工程院院士、空间技术专家戚发轫身上，可以找到答案。

几十年前，戚发轫在入党申请书中这样写道："在党提出'向科学进军'和'关于知识分子问题'后，自己感到责任的重大和党的期望，而我应该有可能为党做比现在更多的工作。因此，我愿意把自己的一切贡献给党的事业。"

戚发轫实现了对党的诺言，第一枚导弹、第一颗人造卫星、第一艘无人试验飞船，"东方红一号"卫星主要技术负责人之一、神舟飞船首任总设计师……每一个"第一"，在戚发轫的生命里都刻了重重一笔，也在中国航天史上留下了印记。

放下思想包袱 成为党的人

"我这一辈子参与过很多航天项目，但要说大事总共干了3件，那就是送'东方红一号'、'东方红二号'卫星和'神舟五号'飞船上天。"在戚发轫看来，他能在我国航天事业发展中做出些许成绩，与党的正确决策和领导分不开。

1933年，戚发轫出生于辽宁省瓦房店市，那段学生期间当了8年亡国奴的经历，令他刻骨铭心。中华人民共和国成立后，还在上高中的戚发轫又目睹了朝鲜战场上中国志愿军被美军飞机扫射轰炸后的情景。也是从那时起，戚发轫下定决心："一定要学航空、造飞机，保家卫国。"

但由于家庭问题，年轻的戚发轫一直背负着很大的思想包袱。1956年1月，党和国家提出"向科学进军"的口号，中国的科学技术事业进入一个有计划的、蓬勃发展的新阶段。积极向上的形势对正在北京航空学院（北京航空航天大学前身）读书的戚发轫触动很大，他终于抛掉思想包袱，积极要求入党。

一直到戚发轫成为一名中国共产党党员后，他才真正将思想包袱卸了下来。"那一刻，我终于感到自己成为党的人，可以同党心贴心了。"

1957年，戚发轫从飞机系工艺专业毕业，被分配到成立不久的国防部第五研究院工作。"飞机系工艺专业选了3个人，都是党员，我感到很光荣，决心一辈子跟党走、搞航天。"那之后，无论遇到任何挫折与委屈，戚发轫都没有动摇过——"相信党，跟党走"成为他始终如一的态度。

1958年，毛泽东主席在党的八届二中全会上提出中国也要搞人造卫星。根据当时的形势，中央决定先集中精力搞导弹，强调"两弹为主，导弹第一"。"先搞两弹再搞卫星，体现了中央决策的高瞻远瞩和大局意识，即有所为有所不为，集中力量打歼灭战。"戚发轫说。

但当年，戚发轫这些人既没有见过导弹，也没有见过火箭。"有一个人不仅见过，还研究过，他就是国防部第五研究院第一任院长钱学森。"戚发轫回忆道，"钱学森是我们的引路人，他拿着自编的《导弹概论》给我们讲课。"

1957年底中苏关系亲密，为帮助中国研制导弹。苏联派出专家，并派出一个导弹营，中国成立了炮兵教导大队。戚发轫有幸被分配到教导大队技术连学习，学到了不少知识和技能。快结业的时候，组织上要派人到苏联军事院校去学习导弹技术，其中有戚发轫。1958年，由于中苏关系恶化，苏联才通知，不接受现役军人到军事院校学习。组织安排戚发轫等人通过高教部到莫斯科航空学院去学习。最后由于中苏关系变冷，十几个人中搞材料的、

搞空气动力的、搞强度的都可以去，唯独戚发轫这个搞导弹总体的不能去。1960年中苏关系破裂，苏联撤走了专家，拿走了资料，还制造了若干陷阱。那种感觉很屈辱，屈辱也是一种力量，通过这件事我们认识到，搞导弹、搞航天，不能靠别人，只能靠自己。戚发轫说，自力更生的航天精神就是从那时候萌生的。

没了帮助，"东风二号"的研制只能靠中国科研人员自己摸索。1962年，由中国人自主研制的第一枚导弹"东风二号"在发

射一分钟后坠毁，宣告失败。当时，戚发轫是一名基层工程组长。亲历发射失败的他，跟很多年轻人一样，都沉浸在无尽的自责中。现场领导的一句话很快把他们唤醒："失败是成功之母，总结经验再干。"

"发射失败让我们总结出两条经验——技术要吃透，地面试验要做充分。"戚发轫后来担任总设计师时仍铭记着这两条经验。1964 年，"东风二号"成功发射。

太空响起《东方红》

"两弹"的发射成功打通了卫星"上天"的路。1965 年，研制卫星的任务被重新提上日程。戚发轫作为"东方红一号"后期的主要负责人参与了这项工作。

成就奉献

2000 年　光华工程科技奖
2019 年　国际宇航联合会"名人堂"奖
2023 年　何梁何利基金科学与技术成就奖

因为经历过"东风二号"的发射失败，戚发轫组织大家将能想到的卫星地面试验都做了。

1970 年 4 月，"东方红一号"发射准备工作就绪。因为要在太空奏响《东方红》乐曲，周恩来总理非常关心。发射前，周总理紧急从发射基地召见研制团队，并点名问戚发轫卫星可不可靠? 还问上天以后，《东方红》会不会变调?

戚发轫有点为难地回答说，凡是能想到的、地面能做试验的，我们都做了，都没有问题，就是没上过天。

"那这样吧，你们回去写个报告，交中央政治局讨论决定转场时间。"听到总理的话，戚发轫紧张地说了大实话："总理，不行啊。卫星与运载火箭已经对接，水平放在运输车上等着转运到发射阵地。我们只做了蓄电池的 4 天 4 夜横放试验，再久了就无法保证电解液不漏。"

周总理问为什么不多做几天试验呢? 戚发轫马上回答："我们搞总体的没有向负责电池的人提出这样的要求。"

接着周总理说了一段让戚发轫铭记一生的话："你们搞总体的人，应该像货郎担子和赤脚医生那样，要走出大楼到各研制单位去，把你的要求老老实实告诉人家，让人家知道应该怎样做工作。"

戚发轫说："虽然我当时很委屈，但总理的话让我很服气。"从那以后，在参与航天工程项目的时候，他都会下到基层一线，把总体要求向对方说得清清楚楚。

1970 年 4 月 24 日，"长征一号"运载火箭搭载着"东方红一号"卫星冲上了云霄，庆祝声此起彼伏，只有戚发轫安静地坐着，一言不发。90 分钟后，卫星绕完地球一周，新疆喀什站发来报告，收到太空传来的《东方红》乐曲! 这时候，戚发轫才站起来大声喊道："我们成功了!"

新华社马上发出喜报，天安门广场上的人们开始狂欢庆祝，街道和乡村的人们团团围坐在收音机旁收听《东方红》,《参考消息》将所有外媒报道集中了一整版进行报道，其中德新社的报道写道：中国人过去被大大低估了。

戚发轫回忆道，"我永远忘不了发射那天。中国成为世界第

　　五个独立研制并发射人造地球卫星的国家，并且是 173 公斤的卫星，甚至比前 4 个国家卫星重量的总和都要多，这也开创了中国航天史的新纪元"。

　　"东方红一号"上天后，我国"东方红二号"试验通信卫星开始研制，戚发轫先后担任该卫星副总设计师和总设计师。这一次，戚发轫等人完全靠自己的力量将"东方红二号"送上了天。

　　1984 年 4 月 8 日，"东方红二号"成功发射，4 月 16 日，

院士信息

姓　　名：戚发轫

民　　族：汉族

籍　　贯：辽宁省 大连市 瓦房店市

出生年月：1933 年 4 月

___

当选信息：2001 年当选中国工程院院士

学　　部：机械与运载工程学部

院士简介

　　戚发轫，空间技术专家，主要从事航天器总体设计研究。1957 年毕业于北京航空学院（现北京航空航天大学）。

卫星成功地定点于东经 125° 赤道的上空。4 月 17 日 18 时许，卫星通信试验正式开始。当晚，昆明、乌鲁木齐等地的市民第一次看上了直播的《新闻联播》等电视节目。"东方红二号"的成功研制发射，使中国成为世界上第五个独立研制和发射地球静止轨道卫星的国家。也使中国的电视覆盖率从 30% 提高到 87%，解决了边远地区的通信问题。

　　戚发轫说："当年，我们先后研制了'东方红二号'试验通信卫星和'东方红二号甲'实用通信卫星，前后共发射7颗卫星，尽管有两颗发射失败了，但还是很了不起的，卫星上所有的仪器设备都是自主研制的国产产品。"

此后，戚发轫仍一直在"放卫星"——"东方红三号""风云二号""中星22号"，他带领磨炼出了一支同甘共苦、团结协作、顾全大局的通信卫星研制队伍。

"载人航天，人命关天"

1992年，中国决定走有中国特色的载人航天之路，确立了"三步走"的发展战略。第一步是载人飞船阶段。第二步是空间实验室阶段，为建立空间站要解决4项关键技术：突破航天员出舱活动技术、空间飞行器的交会对接技术，补给和再生技术。第三步是载人空间站阶段。

随后，载人飞船立项，戚发轫被任命为神舟飞船总设计师。那一年他59岁，即将退休，面临巨大的挑战。

"载人航天，人命关天。"相比之前一贯的坚决与果敢，这一次戚发轫有点犹豫了。花甲之年重新披挂上阵、拓土开疆，这确实为难。用他的话说，"我也没想到会成为神舟飞船总设计师，我快退休了，子女都劝我不要再干了"。

当时到处可见这样的新闻题目——"戚发轫：花甲之年掌帅印"；系统内也有这样的疑问——"戚发轫一个老头带一帮年轻人，能行吗？"但戚发轫这一辈子，从来没有不服从组织安排的时候，六十岁也一样。面对党和国家的需要和信任，他还是掌起了飞船设计的帅印。

戚发轫带领团队攻克了一个又一个难关。到了1998年，在新建的北京空间技术研制试验中心内已经组装起来的4艘供地面试验用的初样飞船已同时展开测试。

　　"1998 年 11 月我们正在做初样地面试验，按照争八保九的军令状的要求，距离正样发射只有不到一年时间，几乎是不可能完成的。1999 年是大庆，要阅兵，澳门要回归，又有军令状的要求，必须得想办法完成。"戚发轫的两位副总设计师，参与过返回式卫星，有实际的经验，提出能不能把地面做试验的初样产品改装成要发射的试验飞船——"神舟一号"，以保证任务的完成。

　　方案经上报后获批准。1999 年 11 月 20 日，"神舟一号"飞船在酒泉卫星发射中心发射升空。一天后，"神舟一号"飞船返回舱成功着陆内蒙古四子王旗预定区域，飞船着陆处离预定地点只有 10 公里。

　　"比预定的落点只差 10 公里，是世界上落点最准的。"花甲之年的戚发轫又一次步入中国航天新的天地。从"神舟一号"

试验飞船到"神舟四号"飞船，凡是能被预想出来的"万一"，戚发轫都要求设计人员千方百计去发现，去寻找，一刻也未停止对飞船研制工作的高标准、严要求。

在 4 次无人飞船发射成功后，终于，2003 年 10 月 15 日，中国首次载人航天飞行——"神舟五号"载人飞船迎来发射时刻。发射前，戚发轫本想给航天员杨利伟吃上定心丸，却反过来被杨利伟安慰了一番。

戚发轫说："人家航天员说'你们放心！我们作为航天员都是战斗机驾驶员出身，驾驶飞机的每次特技飞行和起飞降落都是生死攸关的。我们相信你们设计师的工作没有问题，我们最担心的是怕我们的任务完成不好。我们不怕牺牲，你们也不要顾虑'。"

那一天，酒泉卫星发射中心晴空万里。早上 9 点，"神舟五号"成功发射升空。当信号传回地面时，杨利伟展示中国国旗和联合国国旗，用中英双语向世界问好。

中华民族千年的飞天愿望，在这一刻实现了！杨利伟说："中国的飞船真棒！"这是对航天人的最高奖励。事后，杨利伟向飞船设计师回述了火箭上升过程中"难以承受的 26 秒"，经过团队的共同努力终于找到了原因，并彻底解决了这个隐患。

戚发轫说："飞船也好火箭也好，对 8-10 赫兹低频的东西不怕。但是我们就没想到人的五脏、人的脑袋，它的固有频率就在 10 赫兹左右，你外边有这么个频率跟他共振起来，他心里很难受。就是说我们设计上考虑不周，但是航天员没有受到这个意外的影响，圆满完成了任务，航天员了不起！"

"神舟五号"发射成功，使中国成为继俄罗斯、美国后，世界上第三个独立掌握载人航天技术的国家，也是继"两弹一星"之后，中国航天史上竖起的又一座辉煌里程碑。到今天，我国已先后实施多次载人飞行任务，成功率 100%。

现在，尽管已是耄耋之年，戚发轫的行程依然排得很满。正如他的名字"发轫"，意为拿掉支住车轮的木头，使车前进，比喻新事业开始。他常说，既然我是一辆"车"，就得拼命往前奔。如今，戚发轫的听力大不如前，但有个声音始终在他耳边，无比清晰。那是杨利伟下飞船后说的一句话：中国的飞船真棒！

参考资料

［1］张蕾：《戚发轫：相信党，跟党走》，《光明日报》，2022 年 3 月 16 日。

［2］沈春蕾：《戚发轫院士：听太空传回〈东方红〉，送杨利伟上天》，中国科学报社微信公众号，2024 年 5 月 28 日。

［3］刘文嘉：《戚发轫：简版中国航天史》，《光明日报》，2010 年 8 月 27 日。

［4］周南雪：《极目楚天共襄星汉——第九个中国航天日|神舟飞船首任总设计师戚发轫院士专访》，中国工程院知领微信公众号，2024 年 4 月 24 日。

［5］朱敏：《戚发轫：我有青云志 何惧星汉遥》，央广网，2022 年 2 月 21 日。

2000

神威 I 研制成功

据央视网报道，2000 年 8 月，由我国自主研发的峰值运算速度达到每秒 3840 亿浮点结果的高性能计算机神威 I 投入商业运营。我国继美国、日本之后，已成为第三个具备研制高性能计算机能力的国家。

金怡濂

当今高科技要各方协同，必须具有团结精神；
从落后的起点赶超世界水平，必须具有拼搏精神；
发展中国家要科技腾飞，必须具有奉献精神；
"团结""拼搏""奉献"是当代中国科技工作者的精神风貌。

金怡濂 1999.6.30.

金怡濂：刷新中国"计算"速度

1958 年底，金怡濂从莫斯科带着学到的计算机知识，踏上回国的列车。归途中的最后一个早晨，火车行驶在茫茫的东北平原上，金怡濂看到跃升在黑土地上的朝阳光芒四射，心中充满豪情。那时的他无法预知，计算机将会怎样深刻地改变这个世界，而他也将深刻地改变中国计算机的命运。

在我国超级计算机发展历程中，金怡濂屡建奇功，从参加第一台计算机研制开始，他主持了多种类型电子计算机系统的研制，并成功研制了具有世界先进水平的高性能计算机"神威"。

金怡濂几十年的科研生涯，几乎见证、参与了我国大型计算机事业发展的整个历程，是我国巨型计算机事业的开拓者之一，被誉为"中国巨型计算机之父"。

大胆选择　迈进晶体管时代

1929 年 9 月，金怡濂出生在一个知识分子家庭。1935 年，他进入天津市耀华学校开始接受启蒙教育。使金怡濂最难忘的是校长赵君达。1938 年 6 月，赵校长遭到了日本特务的暗杀，他的牺牲，使金怡濂和同学们悲愤万分，在他们幼小的心灵中激起了为中华民族崛起强大而努力学习的热情。

1947 年，金怡濂考入清华大学，在大学的 4 年间，中国大地发生了翻天覆地的变化。1947 年的北平尚未解放，但向往民主自由的清华人，在这里讨论马列主义，收听陕北的新闻广播……1948 年底清华园迎来了解放的炮声。1949 年 10 月 1 日，金怡濂和同学们高兴地参加了开国大典，目睹了中华人民共和国诞生的欢腾场面。

1951 年，金怡濂自清华大学电机系毕业后，服从分配走上了建设中华人民共和国的工作岗位，并幸运地被分派去研制我国第一台继电器专用计算机。1956 年，我国制定了 12 年国家科学技术远景规划纲要，其中一项就是要快速发展计算机技术。为此，政府决定选派 20 人赴苏联学习计算机技术，27 岁的金怡濂成为其中一员，这便开始了他与计算机事业的"缘定一生"。

到达莫斯科后，金怡濂进入苏联科学院（现在的俄罗斯学院）精密机械与计算技术研究所进修学习。金怡濂在留学期间学习非常刻苦勤奋，据他回忆说："我们当时住在莫斯科南边的苏联科学院研究生宿舍，而研究所在北边。每天早晨，我们很早就起床，先倒两次公交车，再坐地铁，而后又转乘公交，路上一般要花上一个半小时。我们在那里主要是做一些有关新型加法器方面的实验，回宿舍的时候就借些资料学习，尽管很累，但仍常常学到深夜。"由于忙，在莫斯科待了一年半的金怡濂，居然从没听过《莫斯科郊外的晚上》等名曲。

1958 年，金怡濂学成归国，成为中华人民共和国首批计算机专业人才，随即投身于我国首台大型电子计算机——104 机的研制。不久，这台计算机研制成功，向国庆 10 周年献上一份厚礼。

1963 年，随着全国"三线"建设热潮，金怡濂所在的研究所迁往大西南，在相对封闭的山谷中。山区生活艰苦是小事，关键是科研条件太艰苦。由于国外对技术的封锁，大型计算机全靠我国自主设计生产。金怡濂主要负责对硬件部分的设计把关，每一张图纸自行设计绘制，一台机器下来，图纸不下数万张，堆起来像个小山。面对元器件短缺的困境，他们因地制宜，利用玩具厂和纸箱厂生产所需部件，以简陋工具手工组装。

条件的艰苦更激发了金怡濂创新的活力，他提出并指导研制成功了穿通进位链高速加法器，把多项并行技术应用于计算机中，实现了由单机向并行机器转化。到了 20 世纪 70 年代初，金怡濂在国内首次提出双处理机体制，并与同事完成了大型晶体管通用计算机、大型集成电路计算机的研制，把我国计算机的运算速度提升到 350 万次 / 秒，实现我国计算机研制技术的一次次重大突破。

开创先河　研制中国自己的巨型机

　　1979 年，邓小平指出："中国要搞四个现代化，不能没有巨型机！"高性能计算机技术基本上一直为美国等发达国家所控制，对外实行禁运。提高我国的自主创新能力势在必行。

20世纪80年代中期，在双机并行技术基础和群机并行思路基础上，金怡濂提出了群机共享主存的具体结构方案，解决了群机系统中许多关键技术问题。他参与研制的计算机实现了标量运

算速度1亿次／秒的目标，取得我国计算机研制新的突破。

20世纪90年代，随着微处理机芯片的迅速发展，巨型计算机研制屡展新招，纪录不断刷新。在世界强手如林、技术创新加速的挑战面前，金怡濂与其他专家勇立潮头，开始向世界先进水平冲击。他在新型巨型计算机的研制中，提出采用标准微处理器构成大规模并行计算机系统的设想，提出多种技术相结合的混合

网络结构的具体方案，解决了240多个处理器互连问题，取得了运行速度突破10亿次/秒的新纪录，实现中国巨型计算机向大规模并行处理方向的发展，推动中国巨型计算机研制进入与国际同步发展的时代。

那时，正值世界巨型机技术飞速发展之际，美、日两国竞相推出20余种新机型，运算速度以千亿次为基准不断攀升，新技术层出不穷。在国家并行计算机工程技术研究中心召开的超级计算机研制方案论证会上，主持会议的领导同志提出：是否可以跨越每秒百亿次的高度，直接研制每秒千亿次巨型机。跨出这一步技术上难、风险太大，在沉默后便是激烈的争论，大家意见不一。

唯有金怡濂支持这个大胆的设想，他语出惊人地说："根据现有的研制水平，造千亿次巨型机是完全有能力的。我们必须跨越，否则就会被世界越甩越远。"金怡濂提出了以平面格栅网为基础的"分布共享存储器大规模并行结构"的总体思路，并进一步说明了自己的总体构想和技术依据。

这一提议经过多轮深入讨论，最终获得了专家们的共识，确定了实现中国巨型计算机跨越式发展的总体目标。金怡濂当时提出这样的想法，不仅基于理论上的可能性，还基于为国家分忧的强烈责任感。因为一件事令他刻骨铭心：国家有关部门花大价钱从国外进口了一台巨型计算机，却还要同时花钱雇两个"洋监工"。他们在大机房中隔出一间控制室，监视机器的使用，为了确保中方人员接触不到机器的核心技术，机器只能用于合同上规定的用途，甚至连开机、关机也得由"监工"来做。

这件事让金怡濂感到一种切肤之痛，让他彻底明白了一个道理：真正的高科技买不来。中国一定要加速发展巨型计算机，否则将永远受制于人。

擎起"神威"帅旗

确定研制千亿次巨型机的目标后，令金怡濂吃惊的是，他这位退居二线的顾问型专家，却被任命为"神威"机研制的总设计师。24个课题组，近百名科研人员在他的统领下，开始了中国计算机研制的重大飞跃！

擎起研制千亿次巨型机的帅旗，金怡濂感到压力巨大。他对

院士信息

姓　　名：金怡濂

民　　族：汉族

籍　　贯：天津市

出生年月：1929 年 9 月

当选信息：1994 年当选中国工程院院士

学　　部：信息与电子工程学部

院士简介

　　金怡濂，计算机专家，主要从事电子计算机体系结构、高速信号传输技术、计算机组装技术等方面研究。1951 年毕业于清华大学电机系。

技术人员说："我们必须保证'神威'出机时进入世界先进行列。"

　　金怡濂提出的总体方案是：以平面格栅网为基础的可扩展共享存储器大规模并行结构，为系统关键技术指标进入国际领先行列奠定基础；率先将消息传递、分布共享、结点共享等工作模式集于一体，以适合不同用户、不同课题的需要；网上多种集合操作、分布与重分布技术、无匹配高速信号传送、分布式盘阵、高密度组装等构想。在研制过程中，金怡濂 3 次调整方案，不断提升"神威"的关键技术指标。即便在预定出机的最后阶段，他仍敢于做出重大调整，其胆识和勇气令团队年轻成员深感敬佩。

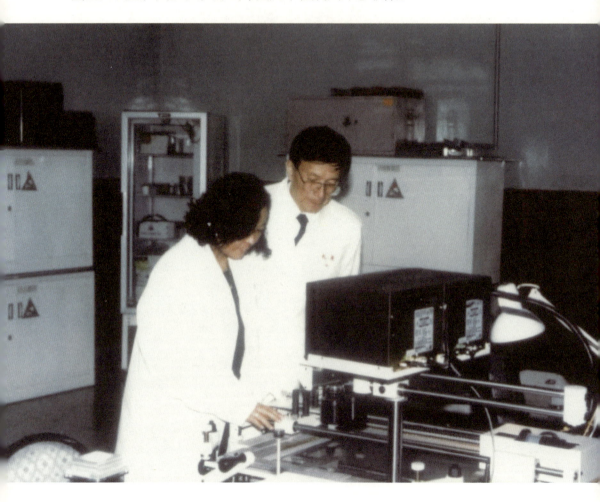

金怡濂带领项目组夜以继日地奋战，精神饱满地指挥着研制工作的每一个环节。每天深夜归家，他总要先在沙发上小憩片刻，才恢复力气与家人交谈。经过近百名科研人员数年的辛勤付出，"神威"高性能计算机系统终于迎来了成功的曙光。稳定性测试当天，金怡濂全程守候在机房，直至所有指标均显示正常，他才如释重负，兴奋地欢呼起来。

艰难困苦，玉汝于成。1996年，这是金怡濂难以忘怀的日子，国家并行计算机工程技术研究中心牵头研制的巨型机通过了国家鉴定，其峰值运行速度为 3120 亿次／秒，处于当时国际领先水平。鉴定委员会的专家评定：该机研制起点高，运算速度快，存储容量大，系统设计思想先进，创新性很强，总体技术和性能指标达到国际领先水平。

"神威"问世，立即在天气预报中发挥了威力。在 1999 年国庆 50 周年之际，"神威"准确预报了北京天气，为阅兵典礼的成功举办提供了有力保障。受邀参加观礼的金怡濂，在天安门广场见证了这一荣耀时刻。

利用"神威"计算机，中国气象局研制了集合数值天气预报系统，可进行 7 天甚至更长时间的天气预报。此外，在石油探测、生命科学等领域，"神威"以其卓越的高性能，极大地提高了我国的科学研究能力。

"神威"的成功并未让科研团队止步。金怡濂带领团队继续向更高目标发起冲击，研制出"神威 II"。2001 年，"神威 II"巨型计算机运行速度达到 13.1 万亿次，无论是峰值速度还是持续速度，均超越了当时世界最高水平的计算机。

获得 2002 年度国家最高科学技术奖后，金怡濂感慨道："我深刻体会到，科技工作者只有将个人事业与祖国的繁荣、民族的昌盛紧密相连，才能成就一番事业。"金怡濂的超算人生，是对这句话最生动的诠释。

参考资料

［1］姚昆仑：《不辞夕阳铸"神威"——记超级计算机专家金怡濂 》，《中国科技奖励》，2020 年第 5 期。

［2］曲志红、吕诺：《金怡濂：中国计算机史上的"夸父"》，《新华每日电讯》，2003 年 3 月 1 日。

［3］金振蓉、赵建国、雷红英：《站在巨型机帅旗下的人——记国家最高科学技术奖获得者、中国工程院院士金怡濂》，《科学咨询》，2003 年第 5 期。

［4］赵建国、雷红英：《金怡濂传》，北京：航空工业出版社，2015 年版。

2001

青藏铁路开工

　　据《国务院关于青藏铁路格尔木至拉萨段开工报告的批复》，2001 年 6 月 20 日，国务院第 105 次总理办公会讨论了青藏铁路建设方案，对该项目的运量、主要技术标准、设计原则、主要建设方案、环境保护、管理体制和经济评价等方面又进行了深入研究，同意该项目开工报告。

孙永福

热爱铁路事业，艰难困苦矢志不移；

珍惜宝贵机遇，脚踏实地开拓创新。

孙永福 二○○六年
十二月首

孙永福：世界屋脊上的钢铁大道筑梦人

由蒸汽机车到内燃机车、电力机车，再到高速动车组，中国铁路一路飞奔。孙永福正是这场伟大变革的亲历者和实践者。

孙永福亲历和见证了我国铁路发生的巨大变化：路网规模扩大，装备更新换代，管理水平提升，运能大幅增长。我国铁路已走出"严重制约"国民经济发展的困境，进入"基本适应"发展需要的阶段。以高原铁路、高速铁路、重载铁路为代表，中国铁路技术已进入世界前列。

"我一辈子就干了一件事——学铁路、修铁路、管铁路。"孙永福说，当他看到铁路对国家经济、社会发展和国防建设发挥的重要作用，看到人民群众深情地称赞铁路是"致富路""幸福路"时，作为一名铁路老职工，他由衷地感到喜悦和欣慰："情系铁路，奉献铁路，矢志不渝，这是我的初心所在。"

谈及初心，孙永福感慨："从一个农家寒门子弟，能够成长为国家政府部门高级领导干部，我从内心感恩党和人民的培养和教育。感恩图报的决心，鞭策我一辈子跟着党走，一辈子为人民服务。"

在世界屋脊上修建铁路，在许多人看来是不可能的事。2001年，国务院批准建设青藏铁路，由孙永福担任总指挥。此时孙永福已年届六旬，但他圆满完成了党和国家交代的任务，自己也成为世界屋脊上的钢铁大道筑梦人。

"修桥铺路积功德"

2022 年，在孙永福八十大寿时，他收到来自中国工程院的贺信，信中提到：您是中国铁路建设的领军人，学铁路、修铁路、管铁路，川黔、贵昆、成昆让天堑变通途，大京九让老区共圆发展梦……

学铁路、修铁路、管铁路，是孙永福学习、工作生涯的生动写照。1941 年，孙永福出生于陕西省长安县一个农民家庭，1955 年考入铁路工程学校桥梁隧道专业，初衷是为了今后能够"修桥铺路积功德"。1962 年孙永福大学毕业，在郑州铁路局工作两年后，奉调支援西南三线建设。在铁道部第二工程局（现中铁二局）工作整整 20 年，参与了川黔、贵昆、成昆、湘黔、枝柳等多条铁路及援建坦赞铁路建设，成年在荒郊野外钻山沟、修铁路，风餐露宿，四海为家。当自己参与修建的一条条铁路开通运营时，内心涌现出一种成就感，觉得修铁路虽苦犹荣，苦中有乐。

1984 年底，他接过了铁道部副部长的担子，主管铁路建设工作，开启了职业生涯新篇章。

"七五"计划期间，铁道部组织实施了南攻衡广、北战大秦、中取华东的三大"战役"。孙永福担任衡广铁路全线总指挥，亲自坐镇一线。经过 3 年艰苦努力，衡广复线于 1988 年铺通，1989 年全线投入运营，有效解决了京广铁路南北大干线的运能瓶颈问题。

然而，随着国民经济的持续快速发展，铁路运输紧张状况并未得到根本缓解，南北方向运能制约尤为突出。为此，国务院将京九铁路列为"八五"计划期间的头号工程。孙永福再次被委以重任，担任京九铁路建设总指挥。

京九铁路是中国当时仅次于长江三峡工程的第二大工程，投资巨大，一次性建成双线线路最长。它自北京南下深圳，连接中国香港九龙，途经九省市，全长 2397 公里（含联络线总长达 2553 公里）。面对如此艰巨的任务，孙永福迎难而上，组织了一场史无前例的铁路建设大会战，在克服施工时间短、跨越多条大江大河等重重难关后，仅用 4 年时间便建成了这条南北大干线。

在建设过程中，孙永福注重科技攻关、质量创优和投资控制，使得京九铁路的科技进步成果、建设质量和投资效益均达到了铁路建设史上的新高度。1996 年 9 月 2 日，当首列北京至深圳的列车驶进井冈山站时，整个老区沸腾了。京九铁路的建成不仅缓解了南北运输紧张状况，更带动了沿线地区经济社会的飞跃发展。

孙永福深情地说："京九铁路对 GDP 的拉动作用说明这条

线真是条扶贫线。我们修铁路不仅要为国家大局服务，也要为地方发展服务，为老百姓服务，最终是要让人民享受现代运输工具带来的实惠。"这句话不仅是对京九铁路建设成果的总结，更表达了孙永福一生对铁路事业最真挚的热爱与奉献。

花甲之年担任青藏铁路总指挥

西藏素有世界屋脊之称，其雄浑秀丽的自然风光、高大奇绝的地形地貌、丰富多彩的人文景观、古朴浓郁的民族风情，赋予了它无穷的魅力。宽广的土地，丰富的资源，酝酿着巨大的发展潜力。但是西藏的交通设施极其薄弱，从中华人民共和国成立到进入 21 世纪千禧之年的 40 多年里，西藏仍是全国唯一不通铁路的省级行政区。所以，修建青藏铁路，构筑一条连接西藏拉萨到内地的钢铁大动脉，就成为西藏各族人民期盼已久的夙愿。

多年的研究，加上现场考察，使孙永福清楚地意识到，青藏铁路建设将会遇到

成就奉献

2007 年　中国铁道学会科学技术奖 特等奖
2007 年　中国铁道学会科学技术奖 一等奖
2008 年　中国铁道学会科学技术奖 一等奖
2008 年　国家科学技术进步奖 特等奖
2012 年　中国铁道学会科学技术奖 一等奖
2017 年　中国铁道学会科学技术奖 一等奖
2019 年　中国铁道学会科学技术奖 一等奖

许多困难，包括工程地质方面的多年冻土、大断层、滑坡、泥石流，气候方面的高严寒、强辐射、强雷电、大风、缺氧，还有高原机械设备和新技术方面的难题……

为了使国务院领导增加对青藏铁路项目实际情况的了解，2000年8月12日，孙永福向国务院呈报了《青藏铁路现场考察报告》，明确提出了修建青藏铁路的建议。这份报告的主要内容有三部分：

一是修建进藏铁路是实施西部大开发战略的重要举措，对加快西藏经济社会发展、促进民族团结、加强国防建设具有重要意义，建设青藏铁路十分必要，虽然铁路项目经济效益欠佳，但社会效益明显，具有典型的公益性。

二是经对进藏铁路多方案综合比较，推荐青藏铁路方案，青海省和西藏自治区都表示赞同和支持，希望中央尽早决策。

三是修建青藏铁路是人类铁路建设史上的伟大壮举，由于我们缺乏经验，在多年冻土、高寒缺氧、生态环保、地震影响等方面还有不少难题，需要尽早安排力量开展科研攻关。

国务院非常重视，于同年9月要求铁道部组织专家进行论证。经过论证，专家们一致赞同优先建设青藏铁路，并将建设上报党中央和国务院。对此，国务院批准建立了青藏铁路前期工作领导小组，并任命孙永福担任组长。

2001年，孙永福被任命为青藏铁路建设领导小组副组长并兼任青藏铁路建设领导小组办公室主任。

"我虽然一直在抓青藏铁路建设的前期工作，但确实没有料到这项重任会交给我。"孙永福激动地说，"使命光荣，责任重大，机遇难得，我一定不辜负中央期望，竭尽全力建好青藏铁路！"

孙永福说，为什么说"机遇难得"呢，"因为修建青藏铁路是三代铁路人不舍不弃、持续奋战的崇高心愿，现在由我去实现

这个愿望，真是难得的机遇。从个人情况来说，在我花甲之年受此重任，体现了中央的高度信任和殷切期望，这不能不说是一个难得的机遇"。

挑战"生命极限"

青藏铁路沿线氧气含量大约为平原地区的 50% 至 60%，建设

院士信息

姓　　名：孙永福
民　　族：汉族
籍　　贯：陕西省西安市长安区
出生年月：1941 年 2 月

当选信息：2005 年当选中国工程院院士
学　　部：工程管理学部
　　　　　土木、水利与建筑工程学部

院士简介

　　孙永福，铁路工程技术和管理专家，主要从事铁路工程技术和管理研究。1962 年毕业于长沙铁道学院。

青藏铁路就要挑战"生命极限"。而在这样的"生命禁区"作业，如何保证建设者的生命安全，是当时摆在孙永福面前的一个重要课题。

　　回忆起 2000 年 7 月第一次到青藏铁路做考察时的场景，孙永福仍不禁动容。登上高原，从格尔木 2800 米的海拔一直到了沱沱河 4500 米左右海拔。"脚像踩在棉花包上一样，就是站不稳"，"抬不起腿来，上不了台阶"，这是孙永福当时最强烈的感觉。

　　正是因为有过高原反应的亲身经历，孙永福意识到：青藏铁路建设者们要长期在这样一个高海拔地区工作，保障他们的健康和生命安全十分重要！

　　2001 年，在孙永福的建议下，建立了三级医疗保障体系等措施，全力为铁路工人们的生命安全保驾护航。

　　用汽车运送到高原上的氧气瓶，是必备的急救物品。中铁二十局与北京科技大学成功联合研制了高原制氧机，氧气瓶供应难的情况大为改善，风火山隧道里，中铁二十局的职工把氧气通过管道输送到掌子面上去，使隧道里的空气含氧量比同海拔高度的露天氧气含量还要高一些，大家干起活来效率大大提高。工人们休息时，还可以吸 2 小时氧恢复体力。

　　孙永福对高原疾病的防范尤为重视。他听说以前有位青年晚上在高原上厕所感冒后引发了急性脑水肿、肺水肿症状，经抢救

无效去世，这件事让他很震惊，提出要解决这个难题。不久，中铁十二局在清水河基地创造性地搞了个箱子一样的活动厕所，晚上把厕所移过来同住房走廊的门对接上，这样再也不用露天上厕所了。

"天路"修建绕不过"多年冻土、高原缺氧、生态脆弱"这三大世界性工程技术难题。孙永福依靠科技创新，从全局、整体、动态的视角，交出了一份战略科学家的优异答卷。他凝练出"主动降温，冷却地基，保护冻土"的成套冻土工程技术，确保青藏铁路工程安全可靠；创建了"以人为本，预防为主"的高原卫生保障体系，确保青藏铁路建设期间数万名参建人员无一人因高原病死亡；探索了保护高原植被、江河、水源及野生动物的有效措施，确保把青藏铁路建成高原生态环保型铁路。2006年7月1日，青藏铁路全线通车，西藏不通铁路的历史宣告结束，诸多世界之最就此诞生：最长的高原铁路、海拔最高的高原铁路、穿越冻土里程最长的铁路。

在5年建设期间，尽管孙永福已年届花甲，但仍频繁前往现场，累计达50余次。其间，他还曾因血氧饱和度过低全身虚脱。通车后，他在3个月内又3次前往现场。就是这样，孙永福以坚定的信念、科学的决策与细致入微的关怀，确保了这一世界级工程的顺利完成，为西藏乃至整个国家的经济社会发展铺设了坚实的基石。

至今，孙永福还珍藏着来自唐古拉山的雪水和泥土，那是建设者们从海拔5072米的青藏铁路唐古拉山垭口，专门采集来送给他的，弥足珍贵。

一直以来，孙永福都在积极稳妥地推进铁路体制机制改革，制订了我国铁路首个中长期发展规划，大力发展合资铁路，主持高速铁路前期技术研究，为新世纪铁路大发展打下了坚实基础。

参考资料

［1］孙永福：《孙永福自传》，北京：中国铁道出版社，2021年版。

［2］张雨涵：《情系铁路 岁月留痕——访原铁道部常务副部长孙永福》，中国青年网，2018年12月6日。

［3］靳铃涵、梁天天：《为了创造不可想象的奇迹，他的一生都在"路上"》，人民科技百度客户端，2021年8月25日。

［4］金振娅：《决不辜负党和人民的期望》，《光明日报》，2021年9月5日。

2002

卢浦大桥完成合龙

据《光明日报》报道，2003 年 10 月 8 日，举世瞩目的"世界第一拱"——上海卢浦大桥成功合龙。一项新的钢箱拱桥世界纪录在中国上海诞生——卢浦大桥 550 米的主跨距离，超过美国西弗吉尼亚新河峡谷大桥 40 米，比澳大利亚悉尼海湾大桥长 47 米，是当今世界跨度第一的钢箱拱桥。

林元培

理論联系实际.

林元培.

二〇〇六.七.十.

林元培：铸造中国桥梁传奇

今天的黄浦江上，12座大桥横跨东西两岸，车辆与行人川流不息。南浦大桥、杨浦大桥、卢浦大桥等越江大桥，不仅见证了上海的改革发展历程，更成为这座城市独特的地标。

回溯至20世纪80年代，上海经济迅速崛起，城市规模不断扩大。然而，浦东与浦西之间的交通却十分不便，主要依赖一条越江隧道和摆渡，每天上百万人次的客流量给城市交通带来了巨大压力。黄浦江上，迫切需要建设更多的桥梁来缓解交通压力。

正是在这样的背景下，林元培等一批建设者挺身而出。作为中国工程院院士、上海市政总院资深总工程师，林元培长期致力斜拉桥和拱桥的理论研究与设计建造。他创造出跨度最大的斜拉桥世界纪录，并成为中国建成最大跨度钢箱拱桥的第一人。上海中心城区的南浦、杨浦、徐浦、卢浦4座越江大桥，以及通往洋山港的东海大桥，均由他主持设计。这些桥梁的建成，极大地改善了浦东浦西之间的交通状况，也彰显了中国的桥梁建设实力。

面对接踵而至的荣誉，他总是谦逊地说："作为上海市政总院第三代总工程师，我能实现梦想，是福气好，赶上了好时代。这一切都离不开新中国发展带来的机遇。"他认为，这些机遇是几代人不懈努力得来的，因此一定要竭尽全力，不留遗憾，不负时代与人民的期望。

林元培的故事激励着后来者不断前行，为中国桥梁事业的发展贡献力量。如今，黄浦江上已横跨多座大桥，它们不仅成为上海的城市地标，更见证了中国桥梁建设事业的蓬勃发展。

用 120% 的努力将风险降到最低

中华人民共和国成立前，黄浦江越江工程方案虽多次被提出，却因种种客观原因未能实现，上海市政总院的前两代总工程师也未能迎来这一历史机遇。这一梦想，在林元培这一代得以成真。1985 年，老一辈退休，林元培接过"接力棒"，成为总工程师。

林元培回忆，老一辈总工程师在美国深造后回国，却只能接手小项目，壮志未酬，常感叹："何时能在黄浦江上造大桥？"这一想法虽引发共鸣，但大家都明白，造大桥需等待时机。

在黄浦江上建大桥，有三大难点：跨径超 400 米无实际经验、拉索技术落后国际水平、上海软土地基造桥难。但林元培并未退缩，而是将难题转化为研究课题，在中小桥梁中实践，积累经验。

林元培在 1985 年设计上海新客站恒丰北路斜拉桥时，解决了拉索和软土地基打深桩的难题。同年的下半年，他作为上海市政院的桥梁总工程师，承担了重庆嘉陵江石门大桥的设计任务，并攻克了大跨径的难题，于 1988 年 12 月 25 日竣工通车。

石门大桥合龙那天，林元培从上海赶赴重庆，意识到在黄浦江上造大桥已成为可能的他激动不已，"桥墩做在嘉陵江中间的小岛上，到岸 230 米，如果这个做得成，重复一次就是 460 米，就超过黄浦江的跨度了"。

不久，国家决定开发浦东，黄浦江大桥的建设终于提上日程。1988 年南浦大桥开始建设。

南浦大桥作为上海市区第一座越江大桥，其规划建设备受瞩目。日本和加拿大的专家都在争取设计权，但重担最终交给了技术储备丰富的林元培。他记得，时任上海市市长朱镕基曾问他有没有把握，他回答："有 80% 的把握，但我们会用 120% 的努力，将风险降到最低。"

南浦大桥的结构原型是加拿大的世界第一叠合梁斜拉桥安纳西斯桥。然而在南浦大桥施工期间，同事发现安纳西斯桥桥面上出现了上百条结构裂缝。林元培得知后十分焦急，担心南浦大桥也会出现同样问题。桥桩已打下，承台已做出，无法更改，他只能在此基础上寻找解决办法。

经过无数个不眠之夜，林元培终于研究出 4 种解决裂缝难题的办法。设计人员每天既要出新图纸，又要修改旧图纸，以确保大桥安全。在林元培的领导下，1991年南浦大桥成功建成。20年后，在大桥例行大检查中，桥面没有一条结构性裂缝。

在林元培看来，只有在实践中创新，才能不断进步，而创新就是在一个个困难中倒逼出来的。

要造就要造最好的桥

浦东的开发开放，为越江大桥的建设带来了前所未有的机遇。继南浦大桥之后，杨浦大桥的建设也迅速启动，由林元培及其团队主持设计。

在杨浦大桥的设计初期，团队面临了 3 种方案的选择。第一种是照搬南浦大桥的设计，跨度为 423 米，虽然这是一个现成的方案，但会将一个桥墩置于黄浦江中，存在船撞事故的风险。第二种方案是将一个桥墩紧靠在岸边放置，这样跨度可以达到 580 米，但岸边地基的复杂性给施工带来了很大挑战。第三种方案则是将两个桥墩都设在岸上，跨度达到 602 米，这将是当时世界第一的跨度。

面对技术并不成熟的大跨度叠合梁斜拉桥，以及加拿大同类桥梁出现的裂缝问题，林元培承受了巨大的压力。他深知，

成就奉献

1991 年　国家科学技术进步奖 一等奖
1994 年　国家科学技术进步奖 一等奖
1994 年　上海市科学技术进步奖
1994 年　茅以升科学技术奖桥梁大奖
1998 年　全国优秀工程勘察设计奖
1999 年　詹天佑土木工程科学技术奖
2004 年　上海市科学技术进步奖 一等奖
2005 年　上海市科学技术进步奖 一等奖
2005 年　国家科学技术进步奖 二等奖
2007 年　国家科学技术进步奖 一等奖
2007 年　何梁何利基金科学与技术成就奖

选择稳健的方案固然安全，但无法展现中国的桥梁建设实力。因此，他毅然决定，要么不造，要造就造最好的桥。最终，他选择了风险较大但最为合理的 602 米跨度方案，并大胆地提出了全新的"空间结构稳定理论"来支撑这一设计。

在设计过程中，林元培带领团队不断克服技术难题，通过技术论证和优化设计，最终完成了施工图设计。然而，要做前所未有的事情并不容易。提供贷款的亚洲开发银行对此表示担忧，并请来了几个国际顶尖专家来审查方案。经过激烈的答辩和专家的评审，杨浦大桥的设计方案得到了高度评价，被认为代表了桥梁技术的杰出进步。

1993 年 9 月，杨浦大桥顺利建成通车。这座主桥全长 1088 米的大桥犹如一道横跨浦江的彩虹，其跨度在当时位居世界第一。杨浦大桥的建成不仅实现了黄浦江市区段大桥建设的又一突破，更标志着中国的斜拉桥设计建造能力一举跃居国际桥梁界领先地位。

在此之后，林元培又担任了徐浦大桥的总设计师。徐浦大桥的主跨为 590 米，虽然比杨浦大桥少了 12 米，但仍然是一座具有世界先进水平的斜拉桥。

林元培指导团队中的年轻工程师们完成了徐浦大桥的设计建造工作。"那个时候应该说是很有把握办这个事了。徐浦大桥是囊中之物，我就把它交给年轻人去锻炼了。"他说。

中国造桥技术远未达到极限

1999 年，林元培的"造桥梦"再次启航，黄浦江上的第四座跨江大桥——卢浦大桥开始征集方案，并于 2000 年正式开工建设。

在当时，关于大桥的建设形式存在诸多争议。有人建议继续

　　沿用斜拉桥的设计，毕竟黄浦江上已经成功建造了 3 座斜拉桥，驾轻就熟且造价相对较低。然而，林元培却有着更为深远的考虑。他认为，大桥不仅仅是交通工具，更是城市景观与城市标志的载体。因此，他毅然决然地选择了拱形设计，以拱圈相连的拱桥形式，为黄浦江增添一道独特的风景线。

　　"我希望能以稍高的成本，打造出与众不同的桥梁样式。"林元培回忆道。卢浦大桥的设计风格与斜拉桥截然不同，一个是

院士信息

姓　　名：林元培

民　　族：汉族

籍　　贯：福建省莆田市

出生年月：1936 年 2 月

当选信息：2005 年当选中国工程院院士

学　　部：土木、水利与建筑工程学部

院士简介

　　林元培，桥梁专家，主要从事桥梁工程研究。1936 年 2 月出生于上海。1954 年毕业于上海土木工程学校。

像彩虹一样柔和的，一个是像箭一样冲到天上去。虽然造价相对较高，但林元培的拱桥方案最终凭借其独特性与创新性成功中标。

　　然而，拱桥的建设并非易事，尤其是对于没有经验可循的林元培团队来说。他们需要自行推导公式、编写软件，解决结构计算和施工工艺等一系列难题。但正是这些挑战，激发了团队的创新精神与攻关能力。

　　如今，卢浦大桥以其独特而优美的拱桥造型，犹如一道绚丽的彩虹飞架于浦江两岸。550 米的跨度不仅让它成为当今世界跨度最大的拱形桥，更代表了中国拱桥设计与建造技术的国际领先水平。

2002 年，年近七旬的林元培再次突破自我，主持设计了东海大桥——中国首座外海跨海大桥。这座全长 32.5 公里的大桥实现了从江河到海洋的跨越，于 2005 年建成通车，是中国桥梁建设史上的又一里程碑。

海上作业环境恶劣，气候条件多变，施工期限受限。为克服这些难题，林元培首创了海上桥梁大型构件预制、运输和海上吊装一体化的设计施工技术。这一创新不仅确保了东海大桥与洋山深水港同期完工，更为中国桥梁建设技术的发展开辟了新的道路。

"造桥讲究三个可靠：构造要可靠、工艺要可靠、理论要可靠。"回顾自己的造桥生涯，林元培感慨万分，"在我一生主持设计的大桥中，没有一座出现过问题，这是我一生中最高兴和骄傲的事情。"

如今已退休的他仍然坚持到办公室办公，为年轻人提供指导与建议，并将目前工程上尚未解决的问题提升至理论层面进行研究，希望未来能够有计算机来辅助解决这些问题，让设计师们不再为决策而苦恼。

展望中国造桥技术的未来，林元培坚信，我国的造桥技术还远远没有达到极限，仍有无限的探索空间与发展潜力。

参考资料

［1］吴頔：《有没有把握？在朱镕基办公室，南浦大桥总设计师林元培这样回答……》，解放日报客户端，2019 年 6 月 23 日。

［2］裘颖琼：《林元培：要造就造最好的桥》，《新民晚报》，2019 年 6 月 22 日。

2003

B757 − 200 型飞机国产碳刹车副装机试飞成功

据《潇湘晨报》报道，2003 年 1 月 20 日，黄伯云创新团队研制的 B757 — 200 型飞机国产碳刹车副在海口美兰机场装机试飞成功。同年 12 月 27 日，获中国民航总局颁发的第一个大型飞机碳／碳刹车副零部件制造人批准书和航天产品工艺定型书，产品开始在航空和航天器上批量应用。

黄伯云

从事科学研究，要登高望远，瞄准世界先进水平，把握正确方向；要持之以恒，百折不挠；要一步一个脚印地前进。

黄伯云
2001年3月18日

黄伯云：铸就世界一流新材料

2005 年 3 月 28 日上午，在庄严的人民大会堂，黄伯云从国家领导人手中郑重接过 2004 年度国家技术发明奖一等奖证书，这一荣誉结束了该奖项连续 6 年的空缺。

作为"高性能碳／碳航空制动材料的制备技术"发明人，黄伯云的获奖不仅标志着我国在航空航天碳／碳复合材料领域已迈入世界前沿，更是他带领团队历经 20 年艰苦奋斗所取得的辉煌成果。

为突破西方国家对碳／碳复合材料的技术封锁，黄伯云率领创新团队迎难而上，攻克了系列技术难题。他们在核心制备技术、关键工艺装备以及试验规范等方面均取得了重大突破，开发出与国外截然不同的技术路线，首创具有显著特色和自主知识产权的高性能碳／碳复合材料制备技术，改写了中国民航飞机必须依赖进口刹车盘才能落地的历史。

今天，他们的成果已经成功助力国产大飞机 C919 翱翔蓝天，并为火箭发动机、先进运载工具提供了关键材料，还广泛应用在核能、太阳能、化工以及工业装备等领域。

无悔"海归路"

1978 年，黄伯云参加国家出国人员资格考试，1980 年，他远赴美国求学。抵美不久，导师便交给他一项多年未解的难题。为了尽快获得突破，他几乎每天工作到深夜。1980 年的圣诞之夜，当大家都去过节时，黄伯云仍在实验室忙碌。午夜过后，系主任威尔德教授因急事来到实验室，看到黄伯云勤奋的身影，深受感动。黄伯云系统分析前期数据，反复实验，历经数次失败，终于找到了问题的关键。导师看到实验结果后，惊喜万分，称赞"这是一个重大进展"，随即提出并亲笔写信给中国教育部，推荐黄伯云攻读博士学位。

1988 年 5 月，在美国留学 8 年，完成了硕士、博士、博士后训练，黄伯云携妻带女，飞越太平洋，回到了魂牵梦萦的祖国，在母校担任一名普通教师。尽管当时美国的生活环境、工作条件和待遇都远优于国内，多所大学、多家美国大公司竞相向他抛出橄榄枝，他的妻子和女儿此时也已适应了美国的生活。然而，黄伯云在出国热潮中，毅然选择了逆流回国。美国导师曾问他："在美国有世界上最好的研究条件，能够实现你的梦想，你为什么要回中国呢？"黄伯云的回答是："我是中国公派出国的留学人员，国家在经济极其困难的情况下，送我们出来，是来'留学'的，而不是'学留'的，国家需要我们。"

"把自己的才智献给祖国，才是真正的幸福。""国家的需要永远是第一选择。"他的回国之路，无悔而坚定。1988 年 9 月，新华社、《人民日报》以"黄伯云留美 8 年成就显著，博士后归国立业大显身手"为题，报道了他的事迹。

凝聚 20 年心血　攻克世界性难题

面对国家对高性能碳／碳复合材料的迫切需求，从美国留学归来的黄伯云满载着学术热情与报国志向，毅然挑起了碳／碳复合材料这一卡脖子难题攻关的重任。

为什么要做碳／碳复合材料呢？以伊尔 76 大型运输机为例，该飞机使用的是金属基刹车盘，每架飞机使用的金属基刹车盘重量为 2.8 吨。如果使用碳／碳复合材料刹车盘，其重量只有 0.8 吨，仅刹车盘就能为飞机减重 2 吨，对以"克"作为零件重量计量单位的飞机来说，这是一个革命性的变化。而美、英、法三国先后研制出了高性能"碳／碳"航空制动材料。碳／碳复合材料是先进航空航天器及其动力系统等不可或缺的战略性高技术材料，其制备技术被发达国家列入出口管制清单，严禁出口。

改革开放后，我国从欧美进口了大量的民航飞机，这些飞机使用的都是碳／碳复合材料刹车盘。刹车盘是易耗件，需要大量进口，消耗大量外汇。同时，在购买刹车盘时，国外附有苛刻的条件，要以旧换新。

关键核心技术是要不来、买不来、讨不来的，必须靠自主创新。

在黄伯云的带领下，团队开展了碳／碳复合材料的基础研究。

到 20 世纪 90 年代末期，初步掌握了碳／碳复合材料的基本制造技术，并开始进行了碳／碳复合材料飞机刹车盘工业化制备试验。经过多年的艰苦努力，台架试验的各项指标均取得显著进展。可是，当试验进行到最后的"终止起飞"测试时，却出现了严重问题，试验数据未能达标，所有努力功亏一篑。

"那个时候，是我们最困难的黑暗日子，我们几乎是弹尽粮绝，甚至有队员打起了退堂鼓。"黄伯云这样描述当时的情况。

碳／碳复合材料的研发绝非易事。这里的第一个"碳"指的是碳纤维，第二个"碳"指的是碳基体。碳纤维在碳／碳复合材料中构成骨架，是增强体；填充在碳纤维骨架间的碳，则被称为碳基体。要让碳原子在"碳骨架"中有序排列，形成碳基体，过程复杂，实际操作极为困难，因为原子看不见、摸不着。黄伯云团队最初制备的样品只是一堆无法辨认的黑块块，团队

成就奉献

1997 年	高等教育（本科）国家级教学成果奖 二等奖
1997 年	国家技术发明奖 二等奖
1998 年	国家科学技术进步奖 三等奖
1998 年	湖南省光召科技奖
2004 年	国家技术发明奖 一等奖
2004 年	国家科学技术进步奖 二等奖
2005 年	何梁何利基金科学与技术进步奖
2005 年	高等教育（本科）国家级教学成果奖 二等奖
2010 年	中国出版政府奖
2022 年	高等教育（研究生）国家级教学成果奖 二等奖

经历了一次又一次的试验，失败了一次又一次。但创新从来都是九死一生！大家坚信，努力不会白费，国家的任务我们能完成，也必须完成。

最终，在无数次的试验和失败后，他们找到了解决问题的钥匙，发明了具有自主知识产权的碳／碳复合材料制备技术。都说十年磨一剑，黄伯云带领团队，二十年磨一剑，通过自主创新，全面掌握此项核心技术，打破了国外封锁，解决了国家高性能航空制动用材急需，同时也为固体火箭发动机提供了关键高温部件，保障了国家航空航天战略安全。

2006 年 2 月，黄伯云被评选为"感动中国 2005 年度十大人物"，大会的颁奖词写道："这个和世界上最硬材料打交道的人，有着温润如玉的性格，渊博宽厚，抱定赤子之心；静能寒窗苦守，动能点石成金。他是个值得尊敬的长者，艰难困苦，玉汝以成，三万里回国路，二十年砺剑心，大哉黄伯云！"

挑起加速高技术成果转化的重担

当初从美国学成归来后，黄伯云就发现：学校承担了大量的科研项目，产出了大量的科研成果，但很多项目完成后成果却束之高阁。他坚信，大学要时刻瞄准国家重大需求，大学就是要解决世界大问题、国家大问题和企业大问题。不能将那么多成果锁在抽屉里，科研成果一定要转化为生产力，融入国家经济发展大循环。

黄伯云努力探索科技成果产业化实践，积极推动学校建立成果转化机制，力主学校制定了《关于落实国家高新技术成果作价入股政策的实施办法》。该办法的核心是：技术类无形资产入股时，70% 的股份给予直接贡献的科研团队。"70%"政策快速激

发了学校的创新精神，科研成果不断地向产业转化，而产业的发展又为科研注入了新的活力，形成了良性循环。

黄伯云提出学校要"构筑大平台、汇聚大团队、承担大项目、取得大成果、做出大贡献"，将国家需求、学科发展和人才培养紧密结合。他领导创建了轻质高强材料国防科技重点实验室、粉末冶金国家工程研究中心、国家碳／碳复合材料工程技术研究中心和有色金属先进结构材料与制造协同创新中心（2011 计划）等

院士信息

姓　　名：黄伯云
民　　族：汉族
籍　　贯：湖南省 益阳市 南县
出生年月：1945 年 11 月

当选信息：1999 年当选中国工程院院士
学　　部：化工、冶金与材料工程学部

院士简介

　　黄伯云，粉末冶金专家，主要从事粉末冶金理论、技术与材料，无机非金属复合材料及有色金属材料研究。1986年毕业于美国爱荷华州立大学，获博士学位。

国家创新平台。自 1992 年出任中南大学（中南工业大学）副校长、校长。他治校 20 年，为学校"211 工程"建设，特别是"985 工程"建设做出了重要贡献。在担任校长的后 10 年，学校平均每 3 年领衔获得一项国家科技成果一等奖，科技成果转化平均 3 年孵化出一个上市公司；培养出一大批杰出人才；学校的一级学科国家重点学科和二级学科国家重点学科数位居全国前列，为学校建立世界一流学科奠定了基础。

不忘初心，勇攀高峰。近年来，黄伯云带领团队研发的第三代碳／碳制动材料性能居世界领先水平，并率先取得了民航机构颁发的型号合格证，实现了碳／碳复合材料从跟跑、并跑到领跑的转变。为了支撑国家大飞机的发展，他们在湖南要建设世界一流的机轮刹车系统研发基地、世界一流的机轮刹车系统试验基地、世界一流的机轮刹车系统产业化基地。

参考资料

［1］中央电视台科教频道《国家技术发明奖一等奖黄伯云院士科研之路》，《人物》，2006 年 1 月 12 日。

［2］曹建文：《黄伯云：激情燃烧的"粉冶人生"》，《光明日报》，2005 年 6 月 2 日。

［3］周晓曲：《铸造世界一流新材料》，《光明日报》，2002 年 10 月 21 日。

［4］黄达人等：《大学的声音》，北京：商务印书馆，2012 年版。

2004

西气东输工程投入运营

　　据《中国日报》报道，2004 年 12 月 30 日，西气东输工程全线胜利建成并成功运营，到 2024 年 12 月 30 日，西气东输工程运营 20 年。20 年来累计建成 4 条管线，输出天然气近 1 万亿立方米，供气范围逐渐覆盖全国 28 个省区市，惠及近 5 亿人。

黄维和

推动油气储运科技创新，
保障能源供给安全高效。

黄维和

2015年3月1日

黄维和：把脉国家油气能源大动脉

西气东输工程西起塔里木盆地的轮南，东至上海，全线采用自动化控制，供气范围覆盖华中、华东等地区，惠及人口超过4亿，是我国世纪四大工程之一。西气东输一线于2004年建成投产，2024年是西气东输一线工程建成投产20周年。在这期间，我国管道工业科技进步迅猛，天然气管道技术进步飞快，我国干线管网压力达10~12兆帕，属世界最高。

黄维和在我国油气管道建设领域成就斐然，他主持西气东输等多条重大管道关键技术攻关与工程建设管理，规划实施四大油气战略通道储运基础设施及互联互通工程建设，为国家能源安全提供了坚实保障。其主持的项目获国家科技进步一等奖，还提出"1+N"开放协同式自主创新体系，让中国石油管道技术实现了飞跃。

黄维和说："我非常荣幸亲身参加了西气东输工程建设，为能参与世界级能源工程感到自豪，为工程建成后在提供清洁能源、改善我国生态环境、提升人民生活质量方面做出的贡献感到骄傲。"

西气东输项目建成世界水平

1982年，黄维和从华东石油学院油气储运专业毕业，进了中国石油天然气管道勘察设计院工作。1991年7月，北京管道公司成立，同年陕京管道开始建设，当时既是技术员又是工程师的黄维和参与其中。

陕京管道穿越黄土高原的沟壑，越过吕梁山和太行山脉的巍峨，最终蜿蜒至繁华的华北平原。自 1997 年 9 月 10 日陕京一线建成投运以来，它将来自陕西、甘肃、宁夏、新疆还有俄罗斯和中亚各国的天然气，以及我国从海上能源通道进口的 LNG，输送到京津冀等经济发达地区，为保障首都能源安全和绿色发展发挥着至关重要的作用。

2000 年前后，中央提出西部大开发，西气东输是把我国西部资源优势转变为东部经济优势的重要项目。然而在西气东输项目启动时，我国在相关领域工业基础、人才储备等方面，都面临着较大挑战。西气东输项目部一方面努力和外方谈判，一方面联合国内冶金、机械制造、工程建设等领域的优势企业和科技机构进行系统协同攻关，使得管道建设能力和技术水平得到了极大提升。

2002 年，黄维和主持我国第一条西气东输管道工程建设及投产运行工作。该工程面临各种复杂地质环境挑战，规模与难度世界罕见。黄维和带领团队构建管道工程协同创新模式，使工程设计建设、运行管理各领域完全形成自主技术和能力。

"通过这个项目，我们以后更有信心建设更多的项目，后续又提出来了西气东输二、三、四线的建设，包括陕京二、三、四线。在西气东输的基础上，推动多行业装备国产化进程，施工力量能力的提升、技术水平的提升，比如非开挖穿越，比如自动化焊接，以及一些特殊地形地貌施工的工况，都取得了巨大进步。"黄维和说。

面对核心技术问题，黄维和还提出了"1+N"管道科技产业化模式，即依托重大工程，业主主导工程设计，通过合同与多个技术优势企业共同分解工程科技目标，快速突破核心技术并形成配套技术，构建中国石油联合多个相关行业的协同创新体系，走自主创新之路。

　　在西气东输二线工程中，黄维和组织开展科技攻关，干线设计压力 12 兆帕，X80 高钢级钢管应用等主要技术指标达世界领先水平。通过"1+N"开放协同式自主创新模式，我国管道建设和运行能力显著提高，实现石油管道技术飞跃。2011 年 6 月西气东输二线建成，年输量达 300 亿立方米。

　　西气东输工程的成功建设，建立了以我为主的协同创新体系，带动了冶金、机械制造等相关领域技术进步，为后期四大油气战略通道建设奠定了基础。"当时的目标就是要把这个项目建到世

界水平。通过大家的努力，这个项目如期建成。也由于这个项目是依靠我们自己的力量建成，使我们在对外合资合作中占据了主动权。"黄维和说。

但谈及自己的贡献，黄维和总是很谦逊，他说自己实际上是一个组织者的角色，所有的工作都是大家一起完成的，"我的作用就是通过协同创新来优化资源配置，以使这项工程的效果达到最优"。

推动天然气管道国产化

在综合分析我国周边油气资源及政治格局基础上，黄维和提出构建中亚、中俄、中缅三大陆上油气战略通道，完善海上通道布局。建设国内骨干管网，配套完善地下储气库和 LNG 终端，制定我国油气管网规模化发展建设和运行体系建立的保障措施。中国石油通过建设四大战略通道和国内骨干管道，建立现代油气管网体系，优化油气地缘格局，保障国家能源安全。

以中俄油气战略通道为例，中俄东线采用单条管道的方案，目前在世界范围内管道口径最大、压力最大，同时运输能力最大，"大"就会带来很多挑战，特别是在东北寒冷地带，从管道工程的角度来看，1422毫米的大口径、12兆帕设计压力具有标志性意义。

在中俄东线建设过程中，设计团队克服挑战，积极推动天然气管道国产化。"从西气东输工程开始，天然气管道国产化就是重要任务。特别是国家提出保障能源安全后，管道国产化水平一直在不断地提升。中俄东线管道国产化最重要的意义在于保障国家能源安全，实现油气多元化进口，突破'卡脖子'技术的影响。"黄维和介绍。

成就奉献

2003年　优秀勘察设计奖（部级奖）一等奖
2005年　环境保护科学技术奖 二等奖
2006年　全国优秀工程勘察设计奖
2010年　国家科学技术进步奖 一等奖
2012年　全国企业管理现代化创新成果奖 一等奖
2012年　中国石油天然气集团公司科学技术奖 特等奖
2012年　美国机械工程师协会（ASME）全球管道奖
2014年　国家科学技术进步奖 一等奖
2020年　光华工程科技奖工程奖

中俄东线天然气管道国产化有两个方面的重要体现。一是实现管道工业控制系统国产化，从机组到站控PLC系统，再到管道SCADA系统，首次全面应用于长输天然气管道工程。这

套控制系统从数据库编码到逻辑控制，再到系统搭建，完全自主研发，这也是我国油气管道行业管控系统集成国产化的最后一个关键点。二是实现管道材料和装备等国产化升级，中俄东线是目前世界最大的 1422 毫米口径，也是这一口径世界最高 12 兆帕压力等级，因此对于管材、设备等制造和施工要求更高，工程实施全面实现了材料和装备的国产化。

此外，在中俄东线天然气工程启动之时，设计团队提出了智

院士信息

姓　　名：黄维和
民　　族：汉族
籍　　贯：江西省 宜春市 樟树市
出生年月：1957 年 11 月

当选信息：2013 年当选中国工程院院士
学　　部：能源与矿业工程学部

院士简介

　　黄维和，油气储运工程专家，主要从事油气管道科技与工程管理研究。2005 年毕业于中国石油大学（北京），获博士学位。

能化管道建设的目标。黄维和介绍，目前管道建设的智数化水平取得了大幅提高。从设计到建造，推动管道资产数字化实现；大口径、高压力的管道穿越东北地区的低温环境，在施工最重要的焊接环节，通过智能化焊接系统机器自主学习，不断提高焊接质量；管道输送仿真系统得到应用，可以在机器学习的基础上提高运行效率。

建设智慧能源体系服务"双碳"目标

　　着眼未来，国内天然气消费仍会增长，相关机构研究认为预计会达到6000亿立方米左右，而目前仅达到4300亿立方米。在"双碳"目标之下，天然气消费预计在2035年前后将会出现这一拐点。

　　黄维和认为，目前基础天然气管网已经搭建完成，下一步的目标是让管网运行更加高效，更好地适应上下游用户需求。黄维和认为，管网未来布局首先要适应气源的变化。一方面国内新的气源变化，比如川渝地区页岩气，目前川气东输二线工程已经启动。另一方面适应海外进口天然气来源变化。其次，在"双碳"目标驱动下，天然气应用市场也会发生变化，即向有利于达成"双碳"目标的方向转变。比如天然气发电作为灵活电源有条件更大规模参与调峰，随着西部风光大基地增多，也有将风电、光电与气电"打捆"外送的需求。这两方面因素是影响未来管网布局的关键。

在此背景下，黄维和积极致力于构建大型油气管网基于信息化安全一致性系统，并组织建设油气管网集中调控体系，以应对碳中和愿景下智慧能源体系建设的需求。

我国首条全国产化集成应用且全部采用国产大功率压缩机组的天然气管道——陕京四线，自建成投产以来，便肩负着保障能源安全与推动技术创新的重要使命。黄维和指出："陕京四线是我们国产化工业应用的一大集成。" 2021 年起，陕京四线选定托克托作业区作为先锋试验田，开启"国产压缩机组智能控制提升研究"重大科技攻关项目，拉开了智能控制技术自主创新研发的序幕。在历时 3 年的不懈努力下，项目团队成功攻克了进口压缩机关键模块控制逻辑与程序代码的"黑匣子"难题，通过定位并改造 150 余个关键控制节点，实现了控制程序代码超过 90% 的重构。尤其在压缩机组并网耗时方面，从国际顶尖设备的 225 分钟大幅缩短至 15 分钟，仅约为前者的 6%，实现了质的飞跃。

黄维和进一步介绍：我国能源互联网建设将以物联网、电网、油气管网为骨干网络，将化石能源及可再生能源等的生产、运输、存储、贸易深度融合，构建能源产业发展新模式，实现信息流、能源流、资金流有机融合。油气储运的智能化建设，将融入智慧能源体系，支撑治理能力现代化和能源战略转型。通过将人工智能引入油气储运行业，构建 AI 环境下的油气储运运行感知体系，建立管道实时数字孪生体，研究在线仿真和可靠性计算分析模型，形成基于机器学习和大数据分析应用的知识库。在实现智能化油气管网与未来智能能源体系等有机融合的同时，也能全面提升油气储运安全和高效水平。

参考资料

［1］黄维和、宫敬：《天然气管道与管网多能融合技术展望》，《油气储运》，2023 年 12 期。

［2］蒋万全、叶可庄：《深度聚焦：7000 亿背后的陕京力量》，界面新闻，2024 年 10 月 30 日。

［3］中国石油规划总院：《持之以恒不断创新的油气储运专家——记中国工程院院士黄维和》，《石油组织人事》，2024 年第 6 期。

［4］唐大麟：《新时期油气储运行业发展与挑战——访中国工程院院士、油气储运专家黄维和》，《中国石油企业》，2023 年第 3 期。

［5］纪念西气东输一线投产 20 年系列专访，中国石油融媒体中心提供。

2005

翔安隧道动工建设

据《光明日报》报道，"非晶态合金催化剂和磁稳定床反应工艺的创新与集成技术"获得了 2005 年国家技术发明一等奖。据介绍，在化工领域，催化剂是核心，反应工程是基础。雷尼镍催化剂在目前石油冶炼中被广泛使用，我国每年消耗 1 万吨左右。

朱合华

　　朱合华是中国在数字地下空间与工程（DUSE）研究领域的领军人物之一和数字地下空间与工程研究方向的国际著名学者。

朱合华：领航工程数字化建设

同济大学土木工程学院教授朱合华是城市基础设施规划、设计、施工和维护信息集成方法的国际开拓者之一。他从研究数字地层、数字地下空间起步，逐步转向数字化工程，每一步都紧密结合实际工程需求。

早在 2005 年厦门翔安海底隧道建设中，朱合华率先开展了数字隧道系统构架与应用的探索，实现了从理论到实践的转变。这条全长 8.695 公里的海底隧道，成为中国内地第一条大断面、采用钻爆法施工的海底隧道，朱合华的数字技术为其建设提供了有力支持。

"数字化地下研究，源于工程，高于工程，服务于工程。"朱合华表示。经过 30 年的努力，朱合华团队构建了数字地下空间的理论体系、工程方法和数据库，初步完成了数字化地下体系建设，形成了"工程数字化"创新技术核心。这些成果已在城市轨道交通、高速公路等领域得到广泛应用。

21 世纪，数字化正在改变生活方式，并潜移默化地影响生产关系。数字化是一把利剑，朱合华正用专业知识驾驭这把利剑，服务于工程建设，解放生产力、提升工程品质，"地下空间作为21 世纪城市发展的核心，必将与数字化技术携手并进，相辅相成"。

从误打误撞到领航数字化研究

1979 年，朱合华因为对"化学矿开采专业"的误解，误打误撞进入了重庆大学采矿工程专业。当时计算机技术尚处于初级阶段，他在本科期间仅接触到了一些基础的编程知识。然而，正是这些初步的接触，为他后来与数字化结缘埋下了种子。

1983年，朱合华继续在重庆大学攻读硕士研究生，正式开始与计算机应用打交道。他学习了计算数学和有限元编程等基础知识，并在李通林教授的指导下完成了题为《围岩不连续面非线性效应对巷道稳定性影响分析》的硕士论文。该论文主要采用20世纪80年代非常热门的边界元数值方法进行研究，这为他今后的研究方向奠定了基础。

1986年，朱合华考入同济大学，师从孙钧和杨林德两位教授，攻读结构工程专业（地下结构方向）博士学位。他的博士论文题目为《隧道掘进面时空效应研究——边界元法若干理论与工程应用》，继续深入研究边界元数值方法及其在土木工程中的应用。这一时期，计算机技术与土木工程紧密结合，成为他未来研究方向的重要组成部分。

1989年10月，朱合华博士毕业后留校工作。1993年7月，朱合华东渡日本，在大阪土质试验所和京都大学从事软土地下工程研究。在日本期间，他进一步运用有限元数值方法进行软土盾构隧道管片衬砌分析、地下工程施工动态反演等研究。

20世纪90年代初，日本快速发展的地下基础设施建设为朱合华的研究提供了大量宝贵的室内和现场试验数据。特别是在大阪土质试验所工作期间，他目睹了一幕令他印象深刻的情景：研究所长期聘请几位短期工作人员，持续将大阪湾的三维地质数据输入计算机中，形成了一个重要的地质、地震数据库信息系统。时任所长岩崎先生提出的"岩土工程师一定要与地层交朋友"理念深深影响了朱合华。这段经历促使他回国后迅速开展土木与信息学科交叉的研究，这一领域如今已成为热门研究方向。

在日本期间，朱合华创建的用于管片衬砌设计分析的梁—接头（缝）不连续模型，被纳入了我国国家标准。两年多的研究历程结束后，朱合华选择了回国，继续在土木与信息学科交叉领域深耕细作。

朱合华的职业生涯充满了对新技术的探索和创新精神。从最初的误打误撞到后来的数字化研究，他不仅在学术上取得了显著成就，还为中国土木工程领域的数字化转型做出了重要贡献。

打开地下空间与工程数字化研究的大门

1995 年，朱合华回国后，在地下空间与工程领域持续深耕，并寻求新的研究方向。这一时期，两件事情对他影响深远：一是《数字化生存》一书让他对"数字"有了全新认识，激发了他对数字化技术的浓厚兴趣；二是《文汇报》对时任美国副总统戈尔提出的"数字地球"概念的报道。此外，同学创办《岩土工程界》期刊并向他邀约，促使他撰写了《从数字地球到数字地层——岩土工程发展新思维》，从而正式踏入地下空间与工程数字化研究的大门。

成就奉献

2003 年	上海市决策咨询研究成果奖	一等奖
2006 年	教育部高校科技成果奖	一等奖
2006 年	上海市科学技术进步奖	一等奖
2008 年	国家科学技术进步奖	二等奖
2009 年	广东省科学技术进步奖	一等奖
2010 年	上海市科学技术进步奖	一等奖
2011 年	上海市科学技术进步奖	一等奖
2013 年	教育部高校科技成果奖	一等奖
2014 年	上海市科学技术进步奖	一等奖
2016 年	国家科学技术进步奖	二等奖
2017 年	中国岩石力学与工程学会自然科学奖 一等奖	
2017 年	上海市技术发明奖	一等奖
2021 年	中国公路学会科学技术奖	特等奖
2021 年	中国岩石力学与工程学会自然科学奖 特等奖	
2022 年	高等教育（本科）国家级教学成果奖 二等奖	

1999 年，朱合华牵头的"城市三维地层信息管理系统的开发与应用"项目获上海市教委曙光计划支持。经过 3 年努力，该项目成功验收，获得专家高度评价，成为团队数字化研究的起点。此后，他们的工作有力助推了上海

城市地下空间信息平台建设和三维地质调查项目。

从此，地下空间与工程数字化成为朱合华团队的鲜明特色，并在多个项目中取得了显著成就。例如在厦门翔安海底隧道建设中，隧道的最大深度达到 −70 米，地质状况极其复杂，包括陆域全强风化地段大断面浅埋暗挖施工、浅滩段透水砂层施工、海底风化深槽施工等。面对复杂地质状况，朱合华团队成功应用数字技术，使该项目成为中国跨海隧道的示范工程。此外，团队还参与了广州龙头山双洞八车道公路隧道、上海长江隧道等多个项目的数字化工程研究，开发了一系列创新方法和技术，解决了诸多难题。

2008 年，朱合华主持的项目"软土盾构隧道设计理论与施工控制技术及应用"荣获国家科技进步奖二等奖。近年来，他针对大规模、集群化的地下空间建造难题，组织国内相关单位联合攻关，攻克了多项技术难题，建立了核心技术体系。这些技术成功应用于北京、上海等大都市的重大工程，并被遴选为国家注册土木工程师（岩土）继续教育内容。

此外，朱合华团队还提出了地下空间工程全寿命数据采集—传输—表达—分析—服务的数字化赋能范式，开辟了数字地下空间工程的新方向。他们攻克了多项核心技术难题，创建了地下三维动态信息表达与分析的理论方法，提高了工程的安全、质量和效率，推动了工程建造和运维的数字化转型。

朱合华的职业生涯充满了对新技术的探索和创新精神，不仅为学术界做出了显著贡献，也为中国土木工程领域的数字化转型奠定了坚实基础。因在数字地下空间与工程方面的杰出贡献，朱合华于 2015 年获得第 44 届德国洪堡研究奖，成为中国土木工程界的第一位获奖者。他还荣获了第 20 届卜学鐄学术贡献奖。

首创基础设施智能服务系统 iS3

　　尽管 BIM（建筑信息模型）在中国工程界已广为人知，但朱合华教授并未满足于此，他开始思考如何提出我们自己的理念和平台。经过长期探索和讨论，从物理学第一性原理—信息流出发，朱合华团队于 2013 年创建了基础设施智能服务系统（infrastructure Smart Service System，iS3）。这一系统集数据采集、传输、处理、

院士信息

姓　　名：朱合华
民　　族：汉族
籍　　贯：安徽省 合肥市 巢湖市
出生年月：1962 年 10 月

当选信息：2021 年当选中国工程院院士
学　　部：土木、水利与建筑工程学部

院士简介

　　朱合华，隧道与地下空间工程专家，主要从事数字地下空间工程研究。1962年10月出生于安徽省合肥市。1989年毕业于同济大学，获工学博士学位。

　　表达、分析于一体，专为基础设施全寿命周期设计，采用先进的面向服务的组件式框架和微服务技术架构，兼具先进性、开放性和实用性，是国际首个开源的基础设施智能服务系统。

　　iS3 系统应用前景广阔，在一次隧道建设中，面对复杂地质条件，施工现场难以精确分析。而在上海的数字化实验室里，团队通过手机拍摄，就成功完成了对千里之外山岭隧道的高效诊断。这场远程诊断彰显了现代信息技术在土木工程中的巨大潜力，使

传统工程变得安全高效。随着大数据、云计算、数字孪生等新技术的涌现，朱合华紧跟时代潮流，将 iS3 系统与数字孪生技术相结合，实现了岩体隧道支护的三维动态设计技术。这一技术在四川峨汉大峡谷隧道施工中得到成功应用，仅用 10 分钟就完成了现场三维远程实时动态支护设计，标志着隧道动态设计的重大技术突破。

2023 年，朱合华团队源于 20 余年工程数字化实践积累，正式推出 iS3 数字底座。数字底座是一种新的数据组织方式和生态，为多个领域的数字化转型提供规范、安全合规的数据能力，对于促进物理世界与数字世界的深度融合具有深远的意义。当前基础设施行业数字化转型存在转型任务重、转型专业核心平台缺失、核心技术待突破和专业能力开放性差等痛难点，亟须构建一个组态式、能力解耦和生态开放的数字化转型底层支撑平台。iS3 基础设施数字底座定位于构建自主可控、标准开放的基础设施行业级底层平台及生态，包含时空基座、物联基座、数据基座、分析基座和开放平台五大模块，提供统一的大数据、人工智能、数字孪生等新一代信息技术引擎，融合物联感知数据接入、海量数据存储与管理、低代码快速开发等共性服务能力，具有开放式、组态式、自生长等特征。

iS3 基础设施数字底座已成功应用于道路、桥梁、隧道、水利、电站、地铁、管廊等基础设施规划设计、施工建造和运维管理，服务于智慧城市建设（国家"十三五"重点研发计划）、中国北山地下实验室的试验数据动态管理平台、西部高速公路建设等重大工程。

2010 年，朱合华积极主导国际交流与合作，创办了信息岩土工程技术系列国际学术会议，到目前为止已先后在中国上海、英国杜伦、葡萄牙吉马良斯和美国戈尔登等地举办了 5 次学术会议，形成广泛的国际影响力。2016 年 12 月，他在中国岩石力学与工程学会下创立岩土工程信息技术与应用分会。2017 年 5 月，他牵头成立中国智慧基础设施联盟，成员单位包括来自国内外的业主单位、高等院校、设计院、施工单位和软件公司等 170 余家。2024 年 5 月，他又在上海成立中国智慧基础设施产学研协同创新平台，建立了 iS3 基础设施数字底座研发和应用的强大生态。数字底座本着"开放—协同—共建—共生"的思想，打造出基础设施领域规划、勘察、设计、施工、运营等产业上下游数字化转型的统一标准底座，提升了基础设施行业的信息化水平。

如今，iS3 系统的生态化建设和推广应用仍在不断推进中，朱合华带领团队坚持不懈地开展基础设施乃至城市的数字化转型工作，已经在数字校园建设中取得初步成果，并积极向数字城市乃至智慧城市建设方向发展。

参考资料

[1] 朱合华：《我与数字化之缘》，选自《数字地下空间与工程——理论方法、平台及应用》，朱合华著，北京：科学出版社，2010 年版。

[2] 程国政：《"数字化地下：源于工程，服务于工程"——记新当选的中国工程院院士、同济大学教授朱合华》，同济大学新闻网，2021 年 11 月 18 日。

[3] 吴金娇：《同济大学朱合华：数字化地下研究，源于工程，服务于工程》，《文汇报》，2021 年 11 月 18 日。

[4] 朱合华：《立足数字底座推动智慧地下基础设施蓬勃发展》，《中国公路》，2023 年第 6 期。

2006

我国首次用互联网成功承载高清电视（HDTV）赛事直播

　　2006 年 12 月 14 日，中华人民共和国科学技术部官方网站发布消息《"高性能宽带信息网——3TNet"示范工程通过验收》。消息显示，该工程将首先在长三角地区的宁、沪、杭三市正式投入示范运行，率先实现了互动网络视音频节目的安全播控，是国家信息安全，特别是服务于国家舆论安全和现代服务业发展的新一代的国家信息基础设施。

邬江兴

工程技术的进步总是源于不竭的创新，而创新的
取得又源于长期的积淀与不懈地追求，厚积才能
薄发这是创新的基本规律，也是我有所成就的体会。

邬江兴

二〇〇四年八月三十日

邬江兴：范式创新当先锋，突破封锁铸长城

邬江兴被誉为"中国大容量程控数字交换机之父""IPTV之父"，如今，他又是网络空间拟态防御大师。

他敢于突破传统思维定式、开辟新技术范式，为中国在世界信息领域一次又一次赢得话语权。他主持研制成功我国第一台容量可达 6 万等效线的程控数字交换机并实现大规模产业化，主持研制成功中国高速信息示范网并实现我国互联网核心技术和装备制造业"零"的突破、在长三角地区构建了全球最大规模的先进技术示范网——3Tnet，主持研制成功中国下一代有线电视网（NGB）上海示范网，研制成功世界首台拟态计算机等。

邬江兴还是将门虎子，父亲是老红军、中华人民共和国开国少将，他本人于 21 世纪初也成为一位将军。

"军人的职责就是保家卫国，防御侵略。当我国高新技术滞后、民族工业微弱、市场惨遭蚕食瓜分的时刻，这里就是战场，我有责任以这种方式保家卫国。"邬江兴说。

开创程控交换新体制——"造一台能打电话的计算机"

20 世纪 80 年代，中国通信网络尚处于起步阶段，电话网设施极度老旧，甚至还有民国时期的古董设备在超期服役。而装电话不但要交 5000 元的初装费，还要忍受漫长的等待，平均上百个家庭才拥有一部电话。

　　"那时候装电话很难，打电话也难，一上午能打通一个就不容易了。即使打通了，声音也小得像蚊子哼。"邬江兴回忆说。

　　1983 年，自中国进口安装了第一台大型数字程控交换机后，欧美大公司纷纷抢滩登陆中国通信市场，虽缓解了我国落后的通信基础设施与现代化建设的尖锐矛盾，但代价过于高昂，设备购置和安装成本的大头暂且不表，仅运维和培训服务费一项，每年流失的外汇就高达近百亿美元。

　　由于大型程控交换机在当时是高端核心装备，其技术资料属于高度敏感的国家机密，西方国家不仅极尽封锁之能事，动不动使之成为高技术禁运或制裁的工具，甚至还放言，"即便到了 20 世纪结束，中国人也搞不出大型程控数字交换机"。

　　中国通信网络安全面临前所未有的威胁，自主研发大容量程控数字交换机的战略性任务迫在眉睫，这个重担历史性地落到了32岁的邬江兴身上。

从熟悉的计算机领域跨界到陌生的通信领域，邬江兴压力巨大。当时的他并不了解什么叫程控交换机，甚至连电话交换机的原理都不太清楚，但还是勇敢地接下了这副重担。

创新不全是兴趣使然，有时是使命或责任使然

经过3个多月的日夜研究，邬江兴产生了一个大胆想法：不要试图弯道超车，而要换道超车，干脆以自己熟悉的计算机体系结构技术为"支点"，以提供与程控交换机功能等价的服务为"杠杆"，设计一台"能打电话的专用计算机而不是传统架构的程控交换机"。

抛弃传统程控交换机的体系结构，邬江兴率先提出"软件定义功能"的创新设计理念，重新诠释了程控交换机总体技术架构的新发展方向。他用曾主持的每秒5亿次峰值运算能力的大型分布式计算机——DP300设计方案，作为开发具有电话交换等价功能的专用计算系统蓝本，自嘲"要试试牛刀杀鸡的效果"。

此后，邬江兴率领一个近200人的"产学研用"开发团队，只用了1000多万元人民币、两年多时间，硬是在三流硬件、二流工艺基础上，创造出世界领先性能的、具有鲜明中国特色的大型程控数字交换机，完成"国外几亿美元、几千人才能做成的大事"。

1991年，中国独创独有的万门程控数字交换机——HJD04被成功研制出来，一举打破西方国家长达20年的技术封锁，彻底解决了国人打电话难的问题，并带动巨龙、大唐、中兴、华为等民族通信高技术企业在世界范围的崛起，使得"七国八制"程控

交换机由每线 500 美元跌至 40 多美元，最终黯然退出中国市场。

凭借极高性价比，中国交换机产品在支撑建设全球规模最大、最先进数字通信网络国内需求的同时，还大量出口海外，"掀起一股势不可挡的中国旋风"，让多家西方著名交换机厂家放弃产品偃旗息鼓，"04 机"因此有了另一个名字——"中华争气机"，成为全球跨越式创新的典范。

挑战计算机体系结构经典范式
——"寻找高效与通用的平衡点"

2007 年 10 月，邬江兴接到一项新任务，研制"新概念高效能计算机体系架构与原理样机"，挑战经典计算机架构。

60 多年来，传统计算机架构沿用着运算器、控制器、内存储器和输入输出设备几大件组成的"经典结构"。其好处是通用，无论什么任务都能处理，而弊端恰恰也是通用。

成就奉献

2022 年　浙江省科学技术进步奖 一等奖

"不管你脚多大，必须穿上 37 码的鞋才能走路。"邬江兴说，"鞋不合脚"意味着"走不快"，小脚穿大鞋会绊脚，大脚穿小鞋则会喊疼。

经典计算机为计算而生，在处理非计算密集型任务时就显得"笨拙、低

《一体化安全》2023年度全体编委会会议

效"。为提升处理速度，高性能计算机会增加同构或异构计算核的数量，但由于解算任务都是根据上一步的运算结果再决定下一步的计算行动，在一个任务中想让百万量级的计算核持续并发处理极难实现，多数情况下计算核的实际使用率不到10%。

高效和通用，犹如一根绳子的两端，不可兼得。通用意味着低效，而高效则一定是专用或某一领域通用。

如何突破计算瓶颈？邬江兴深知，必须挑战"经典结构"，创造变结构计算新范式。

受"自然界伪装大师"条纹章鱼启发，邬江兴在世界上首次提出领域专用软硬件协同变结构计算新概念——拟态计算，"让运算工具主动匹配计算任务，而不是让计算任务去被动适应运算工具"。

"将专用领域多样化计算结构的处理、存储、互连等多种基线技术元素化，再通过软件定义互连和软硬件动态协同编排技

术，就可以使计算结构根据领域内多应用目标要求，实现变结构运算。"邬江兴说，这如同"拟态章鱼"在沙质海底或珊瑚礁环境那样，为应对不同计算需求而"随机应变"。

拟态计算让"鞋子"更好地适应每一双穿着它的"脚"。2013年国家组织的验收测试中，在没有使用任何针对性开发的专用元器件情况下，仅是创新的体系结构这一项系统性增益，在输入和输出密集型、计算密集型、存储密集型3类典型应用的500

院士信息

姓　　名：邬江兴

民　　族：汉族

籍　　贯：安徽省 六安市 金寨县

出生年月：1953 年 9 月

当选信息：2003 年当选中国工程院院士

学　　部：信息与电子工程学部

院士简介

　　邬江兴，通信与信息系统专家，主要从事信息技术与网络安全研究。1953年9月出生于浙江省嘉兴市。1982年毕业于中国人民解放军工程技术学院。

余种场景中，能效比就可达到同年 IBM 公司最高性能服务器的 13.6 至 315 倍。

2013 年 12 月，拟态计算原理样机被中国科学院和中国工程院两院院士评为当年中国"十大科技进展"之一。

2018 年，计算机体系结构大师、图灵奖得主大卫·帕特森和约翰·轩尼诗共同发表论文预言，基于软硬件协同计算语言的领域专用软硬件协同计算架构 DSAs，将成为今后 10 年计算机体系架构黄金发展期的主流发展方向之一。

开辟网络安全防御新范式
——"创立内生安全中国学派"

2014 年 4 月 19 日，邬江兴参加了网络安全与信息化工作座谈会。座谈会上，"没有网络安全就没有国家安全，网络安全和信息化是一体之两翼、驱动之双轮"等论述，让邬江兴认识到，捍卫网络空间安全是时代责任、使命担当。

在长期的研究实践中，邬江兴发现全球网络安全防御面临着共同的天花板，即没有先验知识的网络攻击会造成难以防范的不确定安全威胁。

由于数字产品无法杜绝软硬件设计缺陷，传统网络安全理论和方法陷入"亡羊补牢，补丁摞补丁，反复踩坑"的恶性循环。"已知的未知"尚可防御，"未知的未知"网络攻击使得网络时代安全威胁愈演愈烈。

内生安全理论和基于拟态构造的设计安全，成为邬江兴在解决"未知的未知"网络攻击世界难题方面做出的范式创新。

邬江兴认为，可从数字生态系统的底层驱动范式创新开始，让数字产品的内在结构具有"先天防御力"，从根子上解决广义不确定安全问题。

构造决定安全。邬江兴得出两个结论：一是网络空间存在自在性矛盾；二是拟态防御构造可以达成内生安全目标。而内生安全，是在不安全的数字生态系统中，构建安全性可量化设计、可验证度量的，高可靠、高可信、高可用三位一体的基础设施或信息物理系统，提供有安全质量承诺的数字产品或应用服务。

内生安全理论和构造方法将网络空间不确定的系统性安全风险转化为可控概率的非系统性安全问题，从而能一体化地管控数字生态系统中的网络安全风险。

邬江兴提出，内生安全的主要特征是：不依赖攻击者先验信息的结构编码或环境加密机制，能在数字产品制造侧采用基于内生安全构造的网络弹性设计，避免广义功能安全问题导致的安全事件；安全质量可量化设计、可验证度量；允许第三方在被测对象内部植入任何数量且不为制造者和使用者所知悉的差模性质漏洞后门，依此可量化得出不确定安全事件发生概率。

近年来，科技部、工业和信息化部、国家网信办等先后对内生安全拟态构造设计技术方面进行了系统性测试和评估。10年来的实践反复证明，基于拟态构造的数字产品能够有效防御不确定安全威胁，一体化解决美欧等国网络弹性工程"设计难、度量难、选择难"的硬核问题，为数字领域技术升级换代开辟新的发展路径。

内生安全理论和技术由我国首创，是地地道道原创的颠覆性技术，为全球数字生态系统底层驱动范式变革提供了"中国智慧与经验"。

邬江兴认为，范式创新没有止境，只要是工程技术领域的问题，就不存在"标准答案"或"唯一性解"。必须要有一种雄心壮志，"敢于提出新理论、开辟新领域、探索新路径，在独有独创上下功夫"。

谈及如何更好地推动我国网络信息技术创新，邬江兴建议：提升计算、智能、网络、安全等基础工程领域的"硬科技"能力，用自主创新的理论体系引领全球数字生态系统底层驱动范式变革；推动建立网络空间自主知识体系，形成网络空间的中国话语体系和"内生安全中国学派"，打破对发达国家的"概念依赖""路径依赖""方法依赖"；全面提高人才自主培养质量，"用我家笔墨，写我家山水"，用"中国学派"造就具有创新自信、敢闯"无人区"的新型人才。

"只要坚定在茫茫大海上建灯塔、为深深黑夜赶路人送火把的信念，改变游戏规则的新范式就一定可期"，邬江兴常以此自勉。

参考资料

［1］王玉山：《邬江兴：愿以此身长报国》，新华社客户端，2013 年 12 月 3 日。

［2］李文哲：《瞄准"先天防御力"建设车联网——专访中国工程院院士邬江兴》，《瞭望》新闻周刊，2024 年 25 期。

［3］朱涵：《中国工程院院士邬江兴：构建多模态网络环境支持"双循环"加速形成》，《瞭望》新闻周刊，2021 年 33 期。

［4］张炯强：《邬江兴：科技创新，弯道超车不如换道冲锋》，《新民晚报》，2024 年 6 月 2 日。

2007

北斗导航试验卫星进入太空

据新华社报道，2007 年 4 月 14 日，我国成功将第一颗北斗导航组网卫星送入太空，从此我国自主研制的北斗卫星导航系统（BDS）进入新的发展阶段。

杨长风

这个恢宏的现代科技工程，不仅是中国的北斗、世界的北斗、一流的北斗，更是人民托举的北斗！

杨长风：逐梦北斗，照亮苍穹

在浩瀚的星空下，有这样一群人，他们仰望星空，脚踏实地，用智慧和汗水编织着中华民族的航天梦。杨长风，作为北斗卫星导航系统工程总设计师，正是这群追梦人中的杰出代表。

杨长风长期致力我国卫星等航天器的研制工作，以及航天系统的总体设计和重大航天工程的管理工作。他全程参与了从北斗一号、北斗二号到北斗三号，这三代北斗卫星导航系统的论证设计、工程建设和组织管理工作。他拥有深厚的航天系统理论功底和丰富的航天工程管理经验。

2015年，杨长风接替孙家栋院士，担任了北斗卫星导航系统总设计师的职务，带领团队继续为航天梦奋斗。他用自己的坚持和努力，为北斗系统的建设和发展做出了重要贡献。

杨长风曾表示，他的梦想就是能够让北斗系统照亮世界的每一个角落，让每一个人都能够享受到北斗系统带来的便利和福祉。为了实现这一梦想，他将继续奋斗在航天事业的第一线，为中国的航天事业贡献自己的力量。

勇挑重担　突破技术封锁

1977年，杨长风怀揣着对航天的无限憧憬，以优异的成绩考入了中国人民解放军国防科技大学。当时的中国，航天技术还处于萌芽阶段，卫星导航系统更是仅处于憧憬、期待和初步论证之中。正是这样的时代背景，激发了杨长风对未知世界的向往和对科技的热爱，使他从此踏上了逐梦航天的道路。在大学期间，杨长风刻苦钻研，不断汲取航天领域的专业知识，为日后的科研工作打下了坚实的基础。他不仅成绩优异，还积极参与各类科研项目，积累了丰富的实践经验，毕业后进入航天系统工作。凭借出色的表现，1987年他被公派赴美国弗吉尼亚理工学院做访问学者，进一步拓宽了视野，增长了见识。

　　在美国学习期间，杨长风深入了解了国际航天技术的最新动态和发展趋势，这为他日后参与北斗系统的建设提供了宝贵的参考。他深知，只有不断学习、不断进步，才能在国际航天领域占有一席之地。

　　回国后，杨长风毅然决然地投身到中国卫星导航系统的设计论证工作中。面对国外技术的封锁和制裁，他没有退缩，而是坚定信念，自力更生，带领团队攻克了一个又一个技术难关。

2005 年，北斗二号系统建设过程中遇到了一个巨大的技术难题——原子钟。原子钟作为卫星导航系统的"心脏"，其精度直接决定了系统的导航定位能力。杨长风回忆说："当时我们想通过引进国外的产品来加快进度，但最终发现这条路行不通。国外对高精度原子钟进行了技术封锁，不愿意出售给我们。"这一技术封锁，成为北斗卫星导航建设的一大瓶颈。

面对困境，杨长风和北斗团队没有退缩。他表示："无论是从国家层面，还是北斗战线的全体人员，我们都达成了一个共识：核心关键技术必须自己突破，不能受制于人。当时，我们北斗人有一句话，'六七十年代我们自己做了原子弹，现在北斗人一定要有我们自己的原子钟'。"

杨长风和他的团队迎难而上，成立了 3 支研制队伍，同步推进基础理论、材料和工程等领域的研究。经过两年的不懈努力，他们终于攻克了原子钟的技术壁垒，研发出了具有自主知识产权的原子钟。如今，北斗系统自主研制的原子钟精度已经提升到了最高每 3000 万年才会出现 1 秒误差的水平，完全满足了我国的定位精度要求和卫星的使用寿命。这一成就不仅彰显了我国航天技术的实力，还为北斗系统的全球应用提供了有力保障。

背水一战　抢占"太空国土"

2007 年，北斗二号系统面临了一个更为严峻的挑战：抢占国际电联规定的轨道位置和频率资源。频率资源是卫星导航系统赖以生存的基础，没有合法的频率资源，卫星导航系统就无法正常工作。

早在 2000 年，中国就在国际电联争取到了宝贵的轨道位置和频率资源，但这些资源的有效期仅为 7 年。这意味着，只有在 2007 年 4 月 17 日之前成功发射卫星并接收到信号，中国才能正式占有这块"太空国土"。否则，所申请的频率资源将被作废，一切努力都将付诸东流。

然而，在北斗二号第一颗 MEO（中地球轨道）飞行试验星即将发射的关键时刻，命运却和杨长风和团队开了一个玩笑。在最后一次总检查中，卫星应答机突然出现了异常。应答机是链接天上与地下的关键桥梁，一旦出现故障，卫星将无法正常工作，频率资源也将随之丧失。此时，留给杨长风和团队的时间已经所剩无几，仅仅剩下宝贵的 3 天。

面对这突如其来的打击，杨长风和他的团队并没有选择放弃。应答机的科研单位在上海，而卫星发射基地在西昌，两地相隔遥远。在如此短的时间内往返两地并修复应答机，无疑是一项艰巨的任务。但经过多方协调与努力，团队最终决定在成都的一家科研单位进行应答机的修复工作。

时间紧迫，科研人员冒着风雨，将应答机从西昌紧急运往成都。在接下来的 72 小时里，他们不眠不休地进行紧急排查与修复工作。终于，在大家的共同努力下，应答机故障被成功排除。

2007 年 4 月 14 日 4 时 11 分，长征三号甲运载火箭载着北斗二号第一

成就奉献

2019 年 中国航天基金会奖钱学森杰出贡献奖

颗 MEO 飞行试验星成功升空。经过两天的紧张调试，4 月 17 日 20 时许，地面系统终于成功接收到了卫星播发的 B1、B2、B3 导航信号。这一刻，所有在场的同志都激动地跳了起来，杨长风更是热泪盈眶。

这场"背水一战"的胜利，不仅为北斗系统保住了宝贵的频率资源，更为中国航天人赢得了尊严与信心。每当回忆起这段经历，杨长风都感慨万千："那是一场与时间赛跑的战斗，我们顶住了压力，完成了任务。那一刻的喜悦与成就感，将永远铭刻在我的心中。"

造福人类　服务全球

北斗系统的建设历程并非坦途，但杨长风和他的团队始终秉持着精益求精的精神，不断追求技术的卓越与完美。他们深知，只有打造出世界一流的导航系统，才能在国际竞争中立于不败之地。为此，杨长风带领团队在技术创新上不断突破，成功研制出星间链路网络协议、自主定轨、时间同步等系统方案，填补了国内的空白。北斗导航卫星单机和关键元器件均实现了 100% 的国产化率，北斗三号卫星更是采取了多项可靠性措施，使卫星的设计寿命达到 12 年，与国际导航卫星的先进水平并驾齐驱。

北斗卫星导航系统的独特魅力在于其星间链路设计。面对全球布站的限制，北斗三号巧妙地采用了星星、星地传输功能一体化的设计，实现了卫星之间、卫星与地面站的链路互通。这一创新不仅提升了系统的精度，还大幅减少了对地面布站的依赖，有效降低了系统的运行管理成本。

杨长风说："GPS、Galileo 等系统是全球布站，而我们在当时无法做到这一点。因此，我们必须实现星星相连，互联互通，

以满足整个星星组网、天地组网和地地组网的要求。"星间链路系统的建成，使得北斗卫星导航系统的精度得到了显著提升，展现了中国航天的智慧与实力。

从 2000 年 10 月第一颗北斗一号试验卫星的成功发射，到 2020 年 6 月 23 日北斗三号最后一颗全球组网卫星的圆满部署，20 年间，中国通过 44 次发射，将 4 颗北斗一号试验卫星，55 颗北斗二号、三号卫星送入太空，完成了全球组网，为世界贡献了

院士信息

姓　　名：杨长风

民　　族：汉族

籍　　贯：湖南省 益阳市 南县

出生年月：1958 年 2 月

当选信息：2021 年当选中国工程院院士

学　　部：信息与电子工程学部

院士简介

　　杨长风，航天系统总体技术与工程管理专家，主要从事航天系统顶层设计、复杂巨系统工程管理、卫星导航定位授时体系建设应用等研究。1982 年毕业于中国人民解放军国防科技大学，获学士学位，2004 年获博士学位。

全球卫星导航的"中国方案"。北斗系统的璀璨星光，不仅照亮了中国，更照亮了世界。

　　杨长风深知，北斗系统的建设不仅关乎国家需求，更承载着造福人类、服务全球的使命。因此，他积极推动北斗系统的国际化进程和产业化发展，致力于让北斗系统成为全球共享的科技成果。

　　在国际化方面，杨长风带领团队积极与世界各国开展合作与交流，推动北斗系统与其他卫星导航系统的兼容与互操作。他们参加了多个国际组织和会议，展示了北斗系统的技术实力和应用成果，赢得了国际社会的广泛赞誉和认可。杨长风表示："我们一直致力于与全球伙伴共同推动卫星导航技术的发展，让北斗系统更好地服务全球用户。"

在产业化方面，杨长风注重发挥北斗系统的应用效益和经济效益。他积极推动北斗系统在交通运输、农业、林业、渔业等领域的广泛应用，取得了显著的成效。同时，他还鼓励和支持企业参与北斗系统的建设和运营，促进了北斗产业链的完善和发展，为北斗系统的可持续发展奠定了坚实基础。据统计，北斗系统已经成功应用于我国的测绘、电信、水利、渔业、交通运输、森林防火、减灾救灾和公共安全等多个领域，为各行各业提供了精准、高效的服务。

展望未来，杨长风充满了信心和期待。"我们的目标是建立国家的综合定位导航授时设施服务体系，预计 2035 年就能实现，这将是北斗四代的发展目标。"杨长风坚定地说，"造福人类、服务全球，这是我最大的心愿。我们将继续努力，让北斗系统为全球用户带来更加便捷、高效的服务。"

参考资料

［1］陈飚、胡潇潇：《杨长风总设计师讲述北斗幕后故事》，北斗网，2017 年 11 月 15 日。

［2］欧阳伶亚：《北斗总设计师杨长风讲述那些不为人知的"北斗故事"》，湖南微政务客户端，2019 年 4 月 25 日。

［3］薛艺磊：《北斗导航系统已步入新时代，但背后的故事惊心动魄！》环球网，2017 年 11 月 4 日。

2008

北京奥运会首次实现了中心区交通零排放

据《光明日报》报道，实现"绿色办奥"，绿色交通是重要一环。北京奥运"万无一失"的承诺，是保障，是目标，更是责任。我国自主研发的55辆纯电动大客车行驶上路，在国际奥运史上首次实现了中心区零排放。

孙逢春

电动车辆，运载中国实现
交通强国梦 的国之重器。

孙逢春
北京理工大学
电动车辆国家工程实验室
2018年秋

孙逢春：逐梦电动未来

"造车教授"孙逢春，将周末与节假日全然抛诸脑后，全身心沉浸于实验室与课题研究。在"八五"至"十五"期间，他无畏探索，于电动汽车、车辆电传动等多领域深扎研究，留下深刻印记。

孙逢春引领北京理工大学团队，铸就中国电动汽车诸多辉煌。他们打造我国首辆电动大型豪华客车，开启高端出行新篇；推出首辆电动公交客车，变革城市公交；研制首辆低地板电动客车，便利乘客出行；开发首辆镍氢电池电动轿车、燃料电池电动轿车，展现前沿探索成果；其电动汽车动力系统首获国家发明奖，彰显创新实力。此外，还建成首个电动汽车专业化产业基地，为产业规模化筑牢根基。

"在实现中国梦'关键一程'上，更须心怀'国之大者'，与党和国家事业同频共振。"孙逢春目光坚毅，话语铿锵。他心怀爱国之情，秉持报国之志，践行报国之行，这份热忱是其科研前行的不竭动力。在他的激励下，团队成员为中国电动汽车产业崛起奋力拼搏，向着光明未来勇毅迈进，他们以创新为笔，以汗水为墨，书写着中国电动汽车发展的壮丽篇章，也让中国在全球新能源汽车领域的地位日益凸显，不断推动着行业的技术进步与产业升级。

"砖瓦工"开启异彩人生

1977年11月的一天，在湖南省临澧县九里乡太平村砖瓦厂劳动的孙逢春，得知可报名高考。"说实话，当时我并不慌张，上学时成绩比较好，回乡务农也未放弃学习。高中毕业时，老师塞给我《高等数学》和《普通物理》，让我将来考大学，这话一直激励着我。"3周后，孙逢春参加了高考。1978年春，他接到湖南大学录取通知。"家离县城长途车站40公里，大哥挑行李送我到县城，辗转两天才到长沙。"

踏入湖南大学，他兴奋不已。所在数学力学师资班是"第一班"，他身处"第一宿舍"，周围都是优秀学子。"那时大学生对知识极度渴望，学校下午无课，大家都去图书馆，我把数理化辅导书与习题全攻克。高中基础差，英语学习难，但大家热情高。排队打饭时，我们是'低头族'，背单词，到自己了才抬头。""湖南大学学风优良，考研人数居全国高校前列。"

本科毕业后，孙逢春考入北京工业学院（后更名北京理工大学）攻读车辆工程硕士，毕业后继续攻读博士学位。1987年，他获得北京理工大学与德国柏林工业大学培养攻读博士学位的学习机会，成为首批中外联合培养的博士研究生。留德期间，他仅用一年多就完成通常需四五年才能完成的博士论文。1989年完成论文后，面对高薪诱惑，他毅然回国，"我要为中国的汽车工业做事"。仅带回博士论文与一小箱电动车资料。

1989年博士毕业后，孙逢春回到北京理工大学投身教学科研。1994年任中美合作电动客车研制开发项目总设计师。"有家香港公司欲购我们研发的电动客车并付数十万港币订金，没想到美方将动力系统价格从4万美元提至10万美元，成本高于售价，只能退订金。"

"电动汽车不能没有'中国心脏'。" 此事触动孙逢春，他创办北京理工大学电动车辆工程技术中心，虽条件简陋，仅4张桌子、一台电脑，却开启了我国电动车辆核心技术研发征程。此后，孙逢春带领团队在电动汽车、车辆电传动、车辆动力学等领域大胆创新。他们成功研发出我国首个拥有自主知识产权的电动汽车动力与传动系统，打造出我国第一辆电动大型豪华客车、第一辆

电动公交客车、第一辆燃料电池电动轿车和第一辆镍氢动力电池电动轿车，建成我国第一个电动车辆国家工程实验室及技术成果转化基地。孙逢春以其坚定的信念和不懈的努力，在中国电动汽车发展史上镌刻下深深印记，成为行业发展的中流砥柱，引领着中国电动汽车从无到有、从弱到强，向着更广阔的未来不断迈进。

从北京奥运到北京冬奥的科技攻坚之路

　　2008 年北京奥运会，孙逢春率以北京理工大学为主的北京奥运电动车辆科研团队，以 55 辆自主研发的纯电动大客车驰骋奥运中心区，实现了国际奥运史上中心区域公共交通 "零排放"的壮举。这一成果，无疑是团队技术实力的展示，更是孙逢春在新能源汽车领域探索的关键里程碑。

　　"奥运会是向世界展示科技实力的绝佳舞台，我们必须抓住机遇。" 那时的孙逢春就已洞察到这背后推动我国电动汽车产业化的重任。2003 年 12 月，科技奥运电动汽车小批量生产任务紧迫，他日夜穿梭于北京密云区、通州区和丰台区的 3 家生产厂指挥生产。下班后便马不停蹄地奔赴工厂，常常直至深夜才归，一个月驾车行程近万公里。"北京奥运会对于我们来说，绝对不是一场'汽车秀'，而是一个展现中国标准的机会。" 孙逢春坚定地说，"我们要告诉全世界，电动汽车应该这样运行。" 这一时期的努力，让纯电动公交运营体

成就奉献

1998 年　国防科学技术进步奖 二等奖
2004 年　国家技术发明奖 二等奖
2007 年　何梁何利基金科学与技术创新奖
2008 年　国家科学技术进步奖 二等奖
2009 年　国家技术发明奖 二等奖
2011 年　北京市科学技术进步奖 二等奖
2013 年　北京市科学技术进步奖 一等奖
2018 年　高等教育（研究生）国家级教学成
　　　　　果奖一等奖
2023 年　中国专利优秀奖

系成为北京奥运会的夺目科技亮点，赢得国内外广泛赞誉，也为我国新能源汽车后续在其他重大活动的应用积累了珍贵经验。

2016 年起，孙逢春又作为北京市新能源汽车联席会专家组首席专家，挑起了北京市 "绿色冬奥" 新能源汽车重点专项的攻关重担。"2022 年北京冬奥会相关区域将实现新能源汽车全覆盖，这对纯电动汽车的整体性能提出了全新挑战"。冬季低温下，动力电池充放电障碍、整车低温冷启动困难、采暖能耗高等世界性技术难题如拦路虎般横在面前。

面对困境，孙逢春勇往直前。他积极整合各方资源，在基础科研与工程技术创新上全面布局。在技术研发进程中，他带领团队多次深入内蒙古牙克石进行极寒测试，那里最低温接近零下40℃。"2018 年 3 月，首次试验时，我们深夜两点就奔赴湖面上的测试场。因无经验，测试数据靠数据线导入笔记本电脑显示，却因低温频频关机，最后只能在笔记本上贴满暖宝宝才勉强完成测试。" 孙逢春回忆道，"在无外援时，全世界近零下 40℃环境下放置 72 小时后还能自启动的纯电动车此前并不存在，而我们在 2018 年做到了。"

孙逢春始终坚守高标准。"为求极限数据，我坚持提前将车辆在冰面停置三天三夜，让整车冻透。唯有如此，数据才具说服力。" 他深知精准数据对技术突破的决定性作用。在攻克新能源汽车空调低温效率难题时，他设定车内零下 30℃可靠运行的指标，这对整个汽车空调行业都是巨大考验。但经团队 3 年不懈努力，相关产品于 2020 年通过项目验收，使新能源汽车空调不再受低温束缚。

从北京奥运会到北京冬奥会，孙逢春脚踏实地，持续攻克新能源汽车技术难题。他笃定地说："拥有中国自主知识产权的新能源汽车，将彻底解决东北、西北或高寒地带新能源汽车推广应用难题，让中国新能源汽车畅行无阻。"

新能源汽车产业要行稳致远

　　孙逢春深刻领悟，科技创新领域唯有争得头筹，方能占据主动。对比欧美发达国家，我国新能源汽车领域欠缺的并非资源，而是创新的果敢、追梦的坚毅以及核心技术的自主掌控。他笃定，新能源汽车产业若要稳健前行，必须毫不动摇地开辟基础创新、技术创新与产品创新的通途。

院士信息

姓　　名：孙逢春

民　　族：汉族

籍　　贯：湖南省 常德市 临澧县

出生年月：1958 年 6 月

———————————————————————

当选信息：2017 年当选中国工程院院士

学　　部：机械与运载工程学部

院士简介

　　孙逢春，车辆电动化专家，主要从事电动车辆系统、电驱动动力与传动等技术研究。1989 年毕业于北京理工大学，获工学博士学位。

　　在科技迅猛发展的当下，汽车行业正历经深刻变革与严峻挑战。孙逢春始终秉持，绝不能尾随他人，而应勇于开辟中国原创且自主的科研之路。基础科学的原始创新，源于对基础问题的深度探寻、对科学走向的精准预判，尤其要勇于涉足前人未及之境。技术创新亦是如此，要避开他人专利壁垒，坚决摒弃"跟风"行径。他常劝诫团队成员，莫要仅仅追逐热点问题研究，只因热点往往已被众人聚焦，难以达成真正的创新突破。

　　无论是 2008 年北京奥运会，还是 2022 年北京冬奥会，孙逢春引领团队所承担的科研任务均从零起步。在无先例可援的状况下，他们于整车电动化、智能化等发展要径上奋勇探索，遵循动力电源化等技术准则，持续攻克世界性技术难题，在科技 "无人区" 闯出崭新天地，甘坐冷板凳，勇于创造新热点。

　　如今，智能网联汽车备受瞩目。人工智能技术虽有力推动汽车智能化转型，却也滋生新挑战。深度学习技术的进展与人工智能模型的扩增，对车载系统运算及存储能力要求攀升，亟待对大模型予以压缩优化，以契合有限硬件资源。并且，智能驾驶过度

依仗仿真数据，易致模型误判或性能下滑，故而一定比例真实数据不可或缺。孙逢春着重指出："我们研制智能网联汽车，初衷是保障安全，务必'标准先行'。"他深知安全标准与技术规范对自动驾驶技术进阶的关键意义，唯有确保技术可靠、安全，智能网联汽车方能走向成熟。

同时，孙逢春洞察到人才是产业发展的核心要素。他表明："当下急需大量熟知汽车知识的人才。"并呼吁产业界与教育界协同合作，共育智能网联汽车关联专业人才，诸如 AI 大模型、算力算法、芯片设计等领域，为行业高速发展夯筑人才基石。

我国率先提出"智能网联汽车"概念，兼重"单车智能"与"车网联"。不过，孙逢春也明晰单车智能的局限，其难以实时更新路况与获取他车状态。他判定："从中长期而言，车路协同技术是必然趋向。"我国政府借助系列规划布局推动智能网联汽车发展，这将促进汽车领域智能化与网联化的交融共进。未来，伴随技术与基础设施的持续完善，车路协同与车网融合有望为车企拓展增量业务空间。

孙逢春坚信，智能网联新能源汽车将重塑技术创新链条与产业生态，各方应携手推动汽车、交通、通信、能源等领域跨界融合与国际协作，催生新业态与新模式。智能网联新能源汽车的发展亦将促进交通与能源领域的深度交融，为新能源汽车"新三样"产品拓展广阔天地，助力碳排放精准核算与碳交易机制构建，推动整个行业迈向新高度。

参考资料

[1] 罗旭：《从放牛娃到科学家："我是被高考改写人生的一代"》，《光明日报》，2022 年 1 月 16 日。

［2］陈相龙：《院士"把脉"智能网联汽车下一步发展》，《人民邮电报》，2024年11月14日。

［3］《院士孙逢春忆高考："砖瓦工"开启异彩人生》，中国日报网，2018年7月6日。

［4］罗旭《中国工程院院士孙逢春：科学研究要敢于从零开始》，《光明日报》，2021年2月21日。

［5］高国庆、朱振国：《"造车教授"孙逢春》，《光明日报》，2009年1月30日。

2009

普光气田实现一次投产成功

据《中国石化报》报道，2009年，普光气田投产，埋藏于地下亿万年的宝藏随之被唤醒。从近6000米深的地层呼啸而出的高含硫天然气，经过脱硫处理，输入千家万户。作为副产品的硫黄被分离出来，加工成金灿灿的颗粒，通过长长的传送带，源源不断地被送进宽敞的料仓。

马永生

寒窗十年
　从楚乡到京城求知地学殿堂
探索廿载
　由西部而南方发现深层宝藏

马永生感怀从事地质生涯
二〇一〇年春于北京

马永生：投身油气勘探
"气壮"万里河山

位于四川省达州市宣汉县的普光气田，作为"川气东送"的起点，其天然气供应惠及长江经济带6省2市70余城。该气田是我国首个特大型整装海相高含硫气田，自2009年投产以来，已稳产15年，远超设计稳产期。

普光气田的诞生，离不开石油与天然气勘探专家马永生的杰出贡献。他在碳酸盐岩岩石学、储层沉积学及油气勘探领域取得非凡理论突破，为气田的发现发挥了决定性作用。探索永不止步，马永生不断完善理论和技术，带领团队相继在通南巴、元坝等大型气田取得重大突破，有力推动了四川盆地天然气勘探大发展，国内外为之瞩目。同时，马永生担任"川气东送"工程指挥部副总指挥，为这条绿色能源大动脉的建设付出了心血。他秉持"为者常成，行者常至"的理念，强调行动与思想并重，30余年奔走在勘探一线，为我国油气勘探开发事业建立了卓越功勋。

如今，马永生作为中国石化的领军人物，牢记习近平总书记端牢能源饭碗的殷切嘱托，正带领全系统干部员工坚决履行保障"国家能源安全"、引领我国石化工业高质量发展、担当国家战略科技力量"三大核心职责"，致力于成为油气增储上产的推动者、洁净能源供应的引领者及国际能源合作的重要参与者，为提升我国油气需求核心自保能力而继续奋斗。

挑战勘探"禁区"

2003 年，普光 1 井喜获高产气流，标志着普光气田的横空出世。这个气田不仅成为国内规模最大、丰度最高的海相高酸性气田，还是世界第二个百亿方级特大型高含硫气田。截至 2024 年 6 月，普光气田已累计生产天然气超 1300 亿立方米，相当于替代了约 1.43 亿吨标准煤，减少了约 1.6 亿吨二氧化碳排放。

在普光气田之前，我国的大型油气田多发现于陆相地层，如大庆油田和胜利油田。学术界普遍认为，在中国南方海相地层发现大油气田的可能性极小。四川盆地作为重要的海相盆地，历经多轮勘探却未获突破，普光地区更是被视为"禁区"。

然而，马永生并未被这些权威声音所束缚。他抱定一个信念，全世界 90% 的油气储量都存于海相地层，中国的海相地层不应如此贫瘠。1998 年，马永生被任命为中石化南方海相油气勘探项目经理部负责人，全面负责南方探区的油气地质研究与勘探工作。

当得知马永生受命勘探南方海相油气时，很多业内专家并不看好，就连妻子也忧心忡忡："几代人搞了四五十年也没搞出个名堂，你就那么自信能突破前人？"

马永生深深理解家人的担忧，但为国家找油找气的强烈使命感驱使他义无反顾地踏上了南方油气勘探的征程。他带领新组建的勘探团队，从基础入手，重新评价南方探区的石油地质条件和技术适应性，进行了一系列理论、技术和实践创新。

经过综合评价比选，马永生将突破的首选目标锁定在普光地区。他带领团队重新建立了川东北地区生物礁滩沉积模式，通过对构造演化、烃源岩发育及油气充注历史等深入分析，认为普光构造岩性圈闭是优质储集体发育的有利区，存在天然气富集成藏的可能。于是，马永生提出了不选"高点"打"低点"的勘探新思路，第一轮预探井全部定在构造低部位上。

2002 年 5 月 30 日，是一个值得铭记的日子。气体从地下5000 多米喷涌而出，点火后火焰越来越高，预示着下面的气流非常大。马永生和现场的同志们激动地抱在一起，泪流满面。那一年，马永生 42 岁。

普光气田及后续元坝气田等一系列重大发现，不仅验证了马永生的勘探理论，也为中国油气勘探史书写了辉煌的一页；不仅

为国家提供了大量的清洁能源，也为中国石化产业发展注入了新的活力，极大改变了上游面貌。马永生因其勇于探索、敢于创新的精神和实绩也受到了各方高度赞誉。

在系统总结多年的勘探实践后，马永生深切地感到，对后来者而言，前人的失败也是一笔财富。要想在"禁区"取得突破，必须敢于从以往的认识中走出来，勇于突破已有的"定论"，必

须从勘探理论和地质认识上有所创新。平凡的语言中蕴含深厚的哲理、非凡的力量，彰显了新中国地质学家们薪火相传、绵延相继的宝贵精神，彰显了马永生作为一位杰出地质学家的胸襟和眼界。

常怀感恩之心

成就奉献

2004 年	中国石化集团公司科技进步奖 一等奖
2005 年	中国石油和化学工业联合会科学技术奖 一等奖
2005 年	中国石化集团公司科技进步奖 一等奖
2006 年	中国石油和化学工业联合会科学技术奖 一等奖
2006 年	国家科学技术进步奖 一等奖
2007 年	国土资源科学技术奖 二等奖
2007 年	何梁何利基金科学与技术成就奖
2007 年	李四光地质科学奖
2014 年	国家科学技术进步奖 一等奖

石油人看惯了亿万年的地球演化变迁，因而心胸豁达、常怀淡定。马永生始终坚守油气勘探战线，不为丰厚的待遇和职位所动摇。他的这份坚定，源于他的理想信念和感恩之心。他常说，没有党和国家的关怀、乡亲们的帮助以及前辈、同事们的支持，自己不可能取得今天的成就。

早在 1998 年，当中国石化集团公司推进南方海相勘探之初，曾计划与国际公司合作。马永生因其精彩的发言、深厚的理论知识和具有前瞻性的战略眼光，吸引了某国际知名公司猎头经理的目光。

对方以 60 万元人民币年薪邀请他加入，这在当时无疑是一个巨大的诱惑。然而，马永生毫不犹豫地婉拒了。在他的心里，党和国家已经为他提供了一个施展才华的平台，实现中国南方海相碳酸盐岩油气勘探大突破这一几代人的梦想，才是他矢志追求的目标，许党报国之志早已在马永生心里深深扎根。

马永生的成长之路充满了艰辛，也非常励志。1961 年，他出生在内蒙古一个普通农民家庭。13 岁时，母亲因医疗事故去世；15 岁时，父亲又因病离世。身为长兄的他，早早地承担起照顾 3 个弟弟妹妹的责任，曾一度辍学。在当地政府和乡亲们的关心帮助下，他重拾课本，继续学业。这份恩情，他始终铭记于心。

1980 年，马永生以优异成绩考取了武汉地质学院（今中国地质大学）。他十分珍惜来之不易的学习机会，生活模式简化为教室（图书馆）、寝室、食堂"三点一线"，靠着甲等助学金和困难补助维持求学生活，几乎将所有精力都投入学习上。他每年只会回一次老

家，既能节省路费，又能利用假期打工挣生活费、读书。他的辅导员赵俊明教授提到他时说，地质学是武汉地质学院的特色专业，考研难度大，录取比例低，但马永生考上了。而且在师长的鼓励下，马永生继续攻读了博士学位。

1990 年夏天，怀揣着为祖国献石油的理想，博士毕业的马永生放弃了在高校教书和去外企的机会，走进了中国石油勘探开发科学研究院的大门。在这里，他不仅完成了鄂尔多斯盆地奥陶系

院士信息

姓　　名：马永生

民　　族：汉族

籍　　贯：内蒙古自治区 呼和浩特市
　　　　　土默特左旗

出生年月：1961 年 10 月

当选信息：2009 年当选中国工程院院士

学　　部：能源与矿业工程学部

院士简介

　　马永生，沉积学家，石油地质学家，石油天然气勘探专家，主要从事沉积学、石油地质学，石油与天然气勘探研究。1990 年毕业于中国地质科学院，获博士学位。

碳酸盐岩沉积学和储层非均质性研究，为靖边气田的规模预测提供了基础依据，更重要的是得到了石油勘探界前辈的悉心指导。前辈们建议他到一线去实践。马永生心怀报国之志，告别了妻子和 3 岁的女儿，于 1992 年 5 月毅然远赴新疆库尔勒，参加塔里木石油会战。

　　在新疆三年半的艰苦锻炼中，马永生逐步成长成熟。他虚心向一线技术人员学习，弥补实践经验的不足。由于工作出色，他很快就担任了塔里木石油会战指挥部地质研究中心综合研究室主任。在各方的共同努力下，塔里木石油会战取得了积极进展，而马永生博士的"拼"劲和学识也受到了大家的认可。

推动碳中和产业高质量发展

2021年，马永生接任中国石油化工集团有限公司董事长、党组书记，肩负起引领这家国有特大型能源化工公司转型升级的重任。他团结带领公司干部员工认真学习贯彻习近平总书记视察中

国石化胜利油田、九江石化重要指示精神，坚定走高端化、智能化、绿色化发展之路，全力端牢能源饭碗和制造业饭碗。

为了应对化石能源消费带来的碳排放挑战，马永生认真领悟习近平总书记能源安全新战略，推动中国石化充分发挥其在石油、天然气、炼化、储运、研发等全产业链上的优势，稳步推进化石能源清洁化、洁净能源规模化、生产过程低碳化、能源产品绿色化，努力从供给端和消费端同步减少碳排放，推动绿色低碳转型。

在马永生的引领推动下，中国石化绿色低碳发展取得了显著成果。近 10 年来，天然气产量大幅增长，为清洁能源供应提供了有力保障。同时，公司积极打造"中国第一氢能公司"，新疆库车 2 万吨／年绿电制绿氢示范工程已建成投产，布局了我国最大的加氢站网络，氢能交通和绿氢炼化领域发展取得长足进步，有力引领我国氢能产业发展步伐。

在低碳技术攻关方面，中国石化同样走在行业前列。公司率先建成了我国首个百万吨级二氧化碳捕集、利用与封存（CCUS）示范项目，得到习近平总书记充分肯定。在马永生的推动下，中国石化发起成立国际 CCUS 技术创新合作组织、中国油气企业甲烷控排联盟、能源化工产业链碳足迹联盟，公司连续 13 年荣获"中国低碳榜样"称号。为了加强碳资产运营管理，马永生推动成立了国内首个碳全产业链科技公司，不仅提升了中国石化在碳资产运营领域的管理水平，也为碳市场的健康发展注入了新的活力。

马永生表示，在未来的发展中，中国石化将继续坚持绿色低碳战略，不断探索创新路径，为推动全球能源转型和碳中和目标的实现贡献更多力量。

参考资料

［1］刘柏煊：《马永生：挑战勘探禁区的勇士》，中央广电总台中国之声，2017年5月2日。

［2］上宫河：《中石化新掌门人马永生：出身寒门的"院士董事长"，一颗小行星以他名字命名》，上观新闻客户端，2021年11月17日。

［3］山晓倩：《马永生：三向发力共谋碳中和产业发展未来》，新华网，2024年8月2日。

2010

上海世界博览会园区面积刷新世博会纪录

　　据《新民周刊》报道，2004 年 5 月，世博会规划方案面向全球招标。同年 7 月底，凝结着集体的智慧、梦想、豪情和爱国心，以"28 根构筑物编织而成的'世界眼'，把浦江两岸连成一片"的同济世博规划方案，在最后一轮竞争中胜出，成为最终中标的全球三甲中唯一的"国字号"。

吴志强

同舟共济
携手创新

吴志强

吴志强：洞察"城市生命体"，智绘理性规划新蓝图

　　在吴志强眼中，城市是一个智慧、蓬勃的"生命体"，每天都在成长。他在规划研究中引入人工智能，通过"人工智能＋城市规划"，推动城市规划从"经验"走向"生态理性的科学"，希冀对城市进行智能诊断、智能规划、智能建设、智能运行，让城市越来越智能、聪明、可持续，以"让 AI 向善"引领城市转型下的 AI 城市新浪潮。

三十余载世博情深，和谐城市中国答卷

　　2010 年，第 41 届世界博览会在上海这座充满活力的都市盛大开幕。作为世界文化与科技交流的重要平台，上海世博会不仅

仅展示了各国的创新与发展，更为智慧城市的构建提供了一个生动的实验场。作为园区总规划师，吴志强引领了这一宏大工程的建设，让上海世博会园区从一纸蓝图成为向世界传递中华民族整体智慧的工程典范。

其实，世博会的种子，已在吴志强脑子里孕育了 20 多年。

成就奉献

1981 年 建设部科学技术进步奖 一等奖
1983 年 建设部科学技术进步奖 一等奖
1983 年 全国优秀城乡规划设计奖
2003 年 国家自然科学奖 二等奖
2003 年 全国优秀城乡规划设计奖 二等奖
2005 年 中国高校科学技术进步奖 一等奖
2006 年 上海市优秀城市规划设计奖 一等奖
2007 年 全国优秀城乡规划设计奖 一等奖
2009 年 全国优秀城乡规划设计奖 二等奖
2010 年 上海市优秀城市规划设计奖 一等奖
2010 年 上海市科学技术进步奖 三等奖
2010 年 全国优秀工程勘察设计奖
2011 年 上海市科学技术进步奖 一等奖
2013 年 全国优秀城乡规划设计奖 二等奖
2020 年 全国创新争先奖状

1984 年，在同济大学建筑与城市规划学院念研究生时，吴志强参与了上海市政府委托课题，对上海举办世博会的可行性进行了研究。1985 年，同济大学首届枫林节研究生论文颁奖，时任上海市市长汪道涵为一等奖获得者吴志强颁奖时，语重心长地对他说："你是学规划的，可以多关注世博会，为上海将来举办世博会做准备。"从此，吴志强更用心地收集世博会资料，一头埋进学校图书馆寻找世博会的资料。世博会的梦想，就在他一篇篇翻阅、整理相关资料时生根发芽。中国如何办世博，成为他长期思考、钻研的课题。留学10 年，国内 10 年，他收集了大量世博会的一手图文资料，仅胶卷一天就要用 8~10 卷。

2004 年，中国上海 2010 年世博会规划方案面向全球招标。当吴志强代表同济大学拿出了最终规划方案时，所有的评审专家都被深深震撼了——以 28 根构筑物编织而成的"世界眼"，把浦江两岸连成一片。吴志强不仅提出了"Better City, Better Life"的主题，并在同济方案中给出了答案。Better City 就是和谐城市：一是与自然、天地和谐；二是城市里的人与人和谐；三是历史遗产与未来促进和谐，不能只有历史不创新，或只讲创新拆除历史，历史要成为创新的动力。实际上，这三大和谐的理论储备吴志强在 1997 年就完成了。在方案上则体现为浦江沿岸做人与自然和谐，铺设节能减排、绿色设计；浦东片区体现人与人的和谐，各国文化和谐，设立各国家馆；浦西老厂房改建为创新园区，体现历史与未来的和谐。

"这已不再是为了一个国际顶级水平的规划设计竞赛，而是为了一座城市在整个国际舞台上提升实力，为了一个古老民族的伟大复兴在谋划。"能在世博会规划的全球招标中胜出，正是因为机遇只给有准备的人。为了这个方案，吴志强可以说已经准备了 20 年。

吴志强说："世博会要为城市服务，而不是整个城市建设为世博会服务。世博规划要站在与城市和谐发展的立场上进行。"正是在这一理念的指导下，在科技的支撑下，世博会充分展示人与自然的生态和谐，人与人的社会和谐，历史与未来的生命和谐。针对面对世博会高峰日参观人次超过 100 万的安全压力和上海夏季极端气温高于 40℃ 的苛刻条件，吴志强院士带领团队自主研发大规模人流动态模拟技术及其布局优化平台。将园区划分为 22500 多个单元，量化推演了 40 万、60 万和 80 万人流动态分布的特征，精细模拟捕捉规划方案潜在的十大拥挤事故高危场所，

据此优化场地设计，做出了中国馆从江边移至主入口广场的重大选址调整，预设了 100 万人极限高峰日的安全增补空间，使人流分布与场地承载力趋于匹配。在运营期间，园区经受住了极端高峰日 103 万参观人数的历史性压力和 40 多天高温日的历史性考验。国际展览局评估报告显示，无论是避暑设施，还是食品供应、垃圾回收和厕所设置等各项指标，服务满意度全面超过 2005 年的日本爱知世博会。在世博园区规划过程中自主研发的规划模拟

院士信息

姓　　名：吴志强
民　　族：汉族
籍　　贯：浙江省 金华市 兰溪市
出生年月：1960 年 8 月

———————————————

当选信息：2017 年当选中国工程院院士
学　　部：土木、水利与建筑工程学部

院士简介

　　吴志强，城乡规划专家，主要从事智能城市规划理论与方法研究。1994 年毕业于德国柏林工业大学，获博士学位。

平台，为 184 天的安全运营提供了关键的技术保障，得到了国际规划学界的高度肯定。

　　再回望 2010 年的上海世博园区，创新、绿色、可持续的设计手笔随处可见。通过街坊自然风场模拟技术，实现室外两米左右人工降温 6℃；通过 LED 照明技术，最大程度地减少室外照明的能耗；为园区规划保留了 25 万平方米的优秀近代工业建筑；通过"和谐城市"这个全新理念贯穿所有意象……一系列可持续

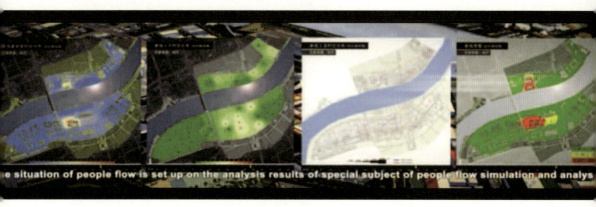

e situation of people flow is set up on the analysis results of special subject of people flow simulation and analys

的技术手段，让整个世博园区成为未来可持续发展城区的实验与示范。在他看来，规划上海世博会，相当于在上海建起一个"全球村"——各个国家和地区在这里通过文化演绎、科技展示，进行零距离的"形象打擂""眼球争夺"。吴志强将自己比作这个"地球村"的村技术员，与大家一起尽力保障盛会有序、和谐，让它成为一个全世界的节日、文化交流的盛宴。

救灾扶贫心系祖国，人民城市规划担当

2008年5月13日，四川汶川发生大地震的第二天，吴志强致电四川省建设厅，代表同济大学建筑与城市规划学院、同济城市规划设计研究院，向杨洪波厅长正式提出义务为受地震灾害影响最严重的汶川县、北川羌族自治州和都江堰市做救灾应急规划和灾后重建规划的请求。5月20日，吴志强被委任为成都灾区灾后安置规划总规划师。到5月22日，将同济大学建筑与城市规划学院和同济城市规划设计研究院分4批陆续到达的志愿者计算在内，吴志强带领的成都灾区规划组已有百余人。规划分为4个规划大队、14个地方小分队。此外，还成立了3个由古建筑、地质结构、管道管线防灾组成的"专业梯队"。

经过前期摸底后，14个小分队全部进入灾区现场踏勘。吴志强代表成都组立下"军令状"，确保用一周左右的时间完成都江堰、彭州等地的安置规划，以确保建设大军早日进入建设状态，让受灾人民早日住进活动的安置板房。"早一天规划，早一天施工，把党中央、国务院对受灾群众的关怀落到实处，同时也是六一儿童节给灾区小朋友最好的礼物。"冒着大量余震的危险，吴志强亲临灾区现场勘查、选址、实地规划，先后完成了灾民紧急安置点规划、灾区重建总体规划等大量灾区规划，正是这些规划，及时有效地指导了灾区的救灾和重建工作。

针对都江堰灾区复杂山形和灌区，吴志强进一步研发城市规划山水总体布局模拟评价系统。他根据采集的地震前后卫片，建

立前线数据库，反复模拟都江堰城市的水流、气候、日照和地形等自然要素与规划方案的相互影响，发现都江堰地区空中气流与地面水流的相关性，指出原由新加坡规划师在灾前编制的现代主义方格网规划的布局问题：不仅违背都江堰历史肌理，破坏灌区放射型水流格局，也与城市上空早晚气流走向相悖。他带领团队根据当地区域气流和水流的模拟结果，以灌区水流走向为依据，为都江堰特制放射带状的城市总体结构，重新延续了城市历史，沿灌渠设置城市水岸公共绿带，建立了城市灾时避难场所系统，为都江堰的城市安全、生态环境和历史文化特制理性规划方案。

在吴志强的感召下，同济师生也自发地源源不断前往灾区，为灾区人民重建希望、重建未来生命力。十三载光阴流转，灾区又变成了百姓安居乐业的美好家园。在祖国需要的关头，在人民需要的地方，吴志强院士一次次地带领团队，以创新力创生命力之美，创祖国城乡大地之"大美"。

开拓创新赋能城市，理性规划智慧跨越

从上海世博会园区规划到青岛世界园艺博览会园区总体规划，从山西平遥旧城保护总体规划到北京城市副中心总体城市设计方案，从上海浦东世纪大道城市设计再到俄罗斯圣彼得堡波罗的海明珠新城规划，吴志强在大地实践中总结宝贵的经验，更不断发展丰富城市规划内核，引领创新城市的理念。"科技支撑，做实底线"，这是吴志强在世博会总规划师办公室立起的一道警示牌。上海世博会的圆满结束，对吴志强团队来说，预示着新的开始——带着筹办上海世博会的丰厚技术成果，投入新一轮的技术革命中。作为新时代的"领头羊"，他带领团队打磨出一套"形流相成的智能城市规划"理论与方法体系，完成了数据量化辨识、

城市智能推演、规划迭代优化三大技术突破，搭建了世界城市动态数据平台、城市要素关联 CIM 平台、城市智能规划平台三大推演平台，实现了城市数据量化辨识技术、城市智能推演技术、城市规划设计迭代优化技术，首创城市要素配置平台、城市智能模拟平台、"城市树"模型，建立了世界上最大的容纳 168 亿条有效数据的城市数据库，完成了全球 13861 个建成区发展历程的识别、学习、训练并建构了 7 种城市智能推演模型，自主研发了城市发展博弈的推演，实现城市功能精准配置，这些技术远超国际先进水平。

吴志强带领研发团队不断自我突破，不仅在理念上超前，更在实践上实现了这些全球最前沿技术应用和落地。这些技术被应用于雄安新区、北京城市副中心、青岛世园会，以及深圳、杭州、无锡等诸多城市项目中，智能规划的影响力从上海扩展到全国、全球。

吴志强始终将个人命运与祖国命运紧紧相连，对中国城市发展的探索从未停下脚步，始终保持敏锐的国际视野，捕捉前沿的方向、诊断中国城市发展最大的痛点、研判最需要的解决方案，更用孜孜不倦的姿态培养着一批又一批城市规划和建设骨干人才投身中国城市的可持续发展建设。

三十载斗转星移，在祖国需要的关头，在人民需要的地方，总有吴志强的身影，正如他所言："同舟共济，携手创新。"

参考资料

［1］张晓春：《在灾难和重建中反思与学习——吴志强教授访谈》，《时代建筑》，2009 年第 1 期。

［2］《文汇报》：《让城市生命走向世界——记世博会总规划师吴志强》，

同济大学新闻网，2009 年 4 月 28 日。

［3］段风华：《中国的舞台　世界的盛会》，《神州学人》，2010 年第 5 期总第 243 期。

［4］孙丽萍：《世博会园区总规划师吴志强讲述万国建筑幕后故事》，新华社客户端，2010 年 4 月 16 日。

［5］梁玲：《吴志强与世博会的不解情缘》，《人民文摘》，2010 年第 6 期。

［6］王冲霄：《2010 世博记忆：叩问后世博时代》，人民网，2010 年 12 月 6 日。

［7］《城市可持续规划的探索者——记同济大学吴志强教授》，《动态与信息》，上海市教育发展基金会，2010 年 1 月 20 日，第 67 期。

［8］兰溪市融媒体中心：《天下兰溪人②｜兰溪籍院士吴志强的三个"家乡时空"》，兰溪发布微信公众号，2020 年 7 月 9 日。

［9］上海科技党建：《吴志强：假如这件事情不对上海做出贡献，好像对不起生我养我的这个城市》，上海科学技术工作党委官网，2021 年 2 月 22 日。

2011

全球首个 4G 大容量测试

据新华社 2011 年 2 月 3 日报道，由我国主导的 4G（第四代移动通信）技术 TD—LTE 已形成比较完整的产业链，产业链各环节要发挥行业整体优势，形成合力，继续共同着力解决系统、芯片、终端等方面的突出问题，提高产业核心竞争力，实现互利共赢，真正使我国移动通信产业走在世界前沿。

邬贺铨

消息不等于信息，只有新消息才增加信息量。

信息不会自动转为知识，消化处理归纳方能升华。

学识和胆识更需要科学谋事与做人。

邬贺铨
2001.4.30

邬贺铨：慧眼如炬的通信先锋

毫耋之年的邬贺铨，头发花白但目光炯炯有神，粗黑浓眉下透露出坚定与智慧。作为国内数字通信技术研究领域的先驱，他见证并引领了我国通信技术 60 多年的发展历程。

邬贺铨长期扎根科研一线，提出符合中国发展的技术体系方案，并担任多个国家重大通信研究项目的负责人，为我国通信产业的战略发展定方向、谋布局。

如今，邬贺铨依然密切关注中国通信产业的未来。他目前兼任国家标准化专家咨询委员会主任、国家移动信息网络重大专项总师、IPv6 规模部署和应用专家委主任。他表示，过去中国通信的快速发展得益于后发优势和用户量的增长，但未来必须注重提升内涵，让用户获得更好的体验。他强调，移动通信的下一步是 6G，这将是国际竞争的关键。面对芯片等关键技术上的差距和一些国家的打压，只有靠自身实力才能赢得尊重，通过逆风的考验。

通信领域的先驱与改革者

1943 年 1 月，邬贺铨出生于广东省一个普通家庭，家中兄弟姐妹众多，他排行第四。父母均为广东省邮电管理局的职工，然而在他十五六岁时，父母因病相继离世。为减轻家庭负担，邬贺铨选择退学，转入广东省邮电学校（现为广东省邮电职业技术学院），从此与通信结下不解之缘。

1958 年，刚进入邮电学校的邬贺铨便跟随工程队参与国防线路施工。1960 年，他因成绩优异被保送至该校本科部有线通信专业，后来又在武汉邮电学院深造。1964 年毕业后，邬贺铨被分配至邮电部邮电科学研究院，专注载波通信研究。

20 世纪 60 年代，国内电话传输方式落后，长途电话打通极难。这样的困境激发了邬贺铨投身数字通信技术研发的决心。70 年代，他作为国内数字通信领域的先行者，勇敢踏上探索之路，参与并主持开发了多种通信设备和系统。

1969 年，邬贺铨带领团队在四川眉山电信总局 505 厂研制出国内首个市话数字中继系统——24 路脉冲编码调制（PCM）终端设备，推动了国内市话数字化进程。在数字通信标准的选择上，他展现出了非凡的魄力，提出的转向 30 路体制的开发总体方案，最终被采纳为我国数字通信基群体制，这一决策使我国数字通信产业发展少走了弯路。

1988 年，邬贺铨再次敏锐捕捉到了国际上数字通信体制的变化，向邮电部建议将准同步数字系列（PDH）转为同步数字系列（SDH）标准。他带头研发 STM-1/STM-4 复用设备，推动 SDH 系统实用化，并在成都至攀枝花的架空光缆线路上建设了国产首个 SDH 设备光纤通信示范工程。这一研究成果极大地提升了我国的通信技术水平，获得了邮电部科学技术进步奖一等奖和国家科学技术进步奖二等奖。

自1993年起，邬贺铨连续"掌舵"多届国家重大通信研究项目，如国家 863 计划通信技术主题及中国下一代互联网示范工程等，为国家通信产业发展谋篇布局。他谨慎研判国内外发展态势，大胆布局，推动了中国在无线通信国际标准领域的突破。

特别是在 3G 国际标准技术方案的征集过程中，邬贺铨坚决支持他所在的电信科学技术研究院（后来的大唐电信科技产业集团）提出的无线通信国际标准，并成功推动了 TD-SCDMA 标准的产业化、市场化。

"过去，我们买得到国外产品，也就失去了自己做的积极性。当时，国外电信设备供应商等着看 TD-SCDMA 的笑话，迫使我们不得不从全产业链做起，给了我们一个从'零'开始打造全产业链的机会。"邬贺铨说。

实现从"3G 突破"到"4G 同步"的跨越

通信行业标准化要求严格，移动通信领域的知识产权竞争尤为激烈，写入国际标准中的专利很难绕开。邬贺铨指出，使用国际标准往往需支付高昂的专利费，这在 2G、3G 时代给中国带来了深刻教训。

邬贺铨介绍，当年，电信科学技术研究院代表中国提出了 TD-SCDMA 标准，却遭到国际社会的冷遇，甚至被认为"也就是个标准而已，无法实现产业化"。

2006 年起，邬贺铨担任"新一代宽带无线移动通信网"国家科技重大专项总师，组织 3G、4G、5G 项目（又称"03 专项"）的研究开发。该项目的目标是让中国在 2020 年前，在无线技术和产业方面，实现芯片与专利两个方面的突破；拓展国内外两个市场，支撑产业链、创新链和网络应用；在无线移动通信国际标准制定方面，成为全球重要主导力量之一。

邬贺铨说："03 专项对 TD-SCDMA 给予了关键的支持，在整个产业界的共同努力下，我们白手起家拉起了一个 3G 产业链，突破了一系列关键技术，培养了一批具有国际竞争力的企业，为移动通信产业的未来升级打下了重要基础。"

从 TD-SCDMA 产业化开始，国际社会对我国的创新能力开始刮目相看。

回顾任职 03 专项技术总师的 10 年，令邬贺铨院士特别欣慰的是，从扶持 3G 国际标准和产业化，到支撑 4G 国际标准走出去，新一代宽带无线移动通信网国家科技重大专项在战略上选择了一条"政、产、学、研、用"结合的正确道路，并在管理模式上进行了探索和创新。

在创新模式上，由中

成就奉献

1979 年　全国科学大会奖
1988 年　国家科学技术进步奖 一等奖
1997 年　中华人民共和国邮电部科学技术进步奖 一等奖
1998 年　国家科学技术进步奖 二等奖
2002 年　何梁何利基金科学与技术进步奖
2022 年　北京市科学技术进步奖 二等奖

国信息通信研究院牵头，联合产、学、研、用各单位，成立了"工作推进组"，旨在评估和协调国际标准的提交与组织试验。该平台汇聚了网络应用、设备研发、终端研发、芯片研发、软件研发和仪表研发等领域的单位，形成了强大的协同创新力量。同时，为确保创新成果产业化，还成立了第三方测试平台，对投入市场前的产品进行硬件、软件、仿真、测试等技术检验。

借助这种运营商牵引产业、创新链与产业链协同、上下游对接支撑的方式，我国 4G TD-LTE 国际标准实现了从算法到应用的全链条多项关键技术突破，为在 4G 时代与发达国家并肩竞争奠定了坚实基础。

短短 10 年间，我国移动通信产业实现了从"2G 跟随""3G 突破"到"4G 同步"的跨越。目前，我国已建设全球规模最大的 5G 独立组网网络。邬贺铨正在继续深入研究 5G 并提出了未来的发展方向。"5G 的增强移动宽带、广覆盖大连接、低时延高可靠性等特质，适于在工业互联网应用。"邬贺铨说，5G 将促成新一代信息技术无缝融合，我国需要从 5G 企业网入手，从标准起步、从底层出发，向深度发展、向体系化推进，开创工业互联网发展新格局。

推动移动通信步入 6G 时代

"从 1G 到 4G，基本上移动通信技术的发展既源于需求，又牵引需求，目标比较单一，发展是比较成功的。"中国在 5G 时代，正式实现商用时间节点与全球同步，4G、5G 已进入千家万户的手机中，但在邬贺铨看来，6G 在应用方面，可能并非与此前相同。

邬贺铨认为，6G 的特定业务可能不会主要落在手机上，而是会呈现终端多样性。一般终端将满足大众的基本需求，而特定

应用则可通过手机短距离通信连接到固定网络或边缘计算上获取计算能力。

邬贺铨指出，5G 和 6G 的主要设计目标是面向产业应用，这与消费应用存在显著差异。工业应用对低时延、确定性、可靠性和安全性有很高要求，且上行需求大，而消费应用则以下行需求为主。因此，工业互联网需要配置专用频段，以避免与消费应用在同一载频上产生干扰。

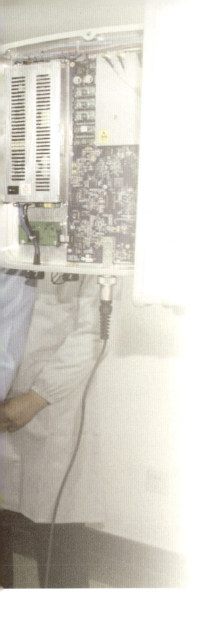

院士信息

姓　　名：邬贺铨

民　　族：汉族

籍　　贯：广东省 广州市 番禺区

出生年月：1943 年 1 月

_____

当选信息：1999 年当选中国工程院院士

学　　部：信息与电子工程学部

院士简介

　　邬贺铨，光纤传送网与宽带信息网专家，主要从事光纤传输系统、下一代互联网和宽带移动通信及工程科技发展战略研究。1964年毕业于武汉邮电学院。

　　邬贺铨提出，在 6G 时代，大企业经申请批准可以使用专用频率建专网，中小企业则可以在运营商的工业互联网专用频道上组织自己的局域网。为工业互联网划出专业频段，可以避免和公众网业务的互相干扰。

　　人工智能在 6G 中的应用前景广阔。邬贺铨认为，人工智能需要与 6G 结合，而 6G 也更需要人工智能的支持。目前，基础大模型已可用于 6G，特别是在智能客服和供应链管理方面。此外，还可以开发场景模型用于网络规划和优化。

然而，邬贺铨更关心的是 AI 在无线接入网方面的作用，包括信道建模、空口优化、移动性管理和优化，以及整个网络的安全性和绿色化。

无线接入网的架构一直是移动通信技术的重要组成部分。传统无线接入网采用专用架构，具有技术成熟、成本低、能耗低且维护责任明确的优点。然而，其开放性和灵活性较差，运营商面临依赖设备供应商的问题。相比之下，开放式和虚拟无线接入网采用软硬件解耦的方式，支持云原生和功能升级，但目前在成熟度和性能上仍不如专用架构，需要尽快补足中国在这方面的短板。

邬贺铨强调，AI 在接入网的应用面临很大挑战。无线接入网要求实时性很高，而 AI 大模型的计算处理会占用时间并产生延迟。此外，虽然单蜂窝的干扰控制已相对成熟，但利用 AI 抵消多蜂窝之间的干扰对算力的要求很高。同时，人工智能本身的可解释性不足，有些解决方案可能并不可信，需要人为检验。

"需要非常重视人工智能对 6G 系统的影响，但目前还不宜过于乐观。我个人认为 AI 在无线接入网的应用是必然要做的，但是至少当前几年能带来多少收益，现在还不好估计。"邬贺铨说。

参考资料

[1] 邬贺铨：《6G 多场景目标要求适配之策》，发表于 2024 全球 6G 发展大会的演讲，2024 年 11 月 13 日。

[2] 刘艳：《专访宽带移动通信专项技术总师邬贺铨：支撑 4G 标准与发达国家并肩》，科学网，2017 年 6 月 2 日。

[3] 冯丽妃：《邬贺铨院士：慧眼如炬的通信先锋》，《中国科学报》，2024 年 7 月 2 日。

2012

"蛟龙"号载人潜水器 7000 米海试成功

据中国广播网消息，2012 年 7 月 16 日上午，随着"向阳红09"船顺利返抵青岛，为期 44 天的"蛟龙"号载人潜水器 7000米级海试任务圆满完成，同时也标志着在国家高技术研究发展计划（863 计划）的持续支持下，"蛟龙"号历时 10 年的研制和海试工作圆满结束。

徐芑南

爱岗 敬业
诚信 友善
为建设海洋强国
努力奋斗
徐芑南 二〇二〇年末

徐芑南：向海而行，勇往直"潜"

2012 年 6 月 24 日，历史性的一刻发生了："蛟龙"号潜航员在马里亚纳海沟 7020 米深海中，与距离地球 350 公里外的天宫一号航天员实现了"海天"对话。潜航员叶聪报告："蛟龙号于北京时间 2012 年 6 月 24 日 9 时 7 分，成功下潜到马里亚纳海沟 7020 米深度。"航天员景海鹏回应："蛟龙号创造了中国载人深潜的新纪录，我们祝愿中国载人深潜事业取得更大成就。"

这一壮举让一位老人热泪盈眶，他就是"蛟龙"号总设计师徐芑南。作为我国深潜技术的开拓者，他用一生的辛勤耕耘和执着奉献，实现了中华民族在深潜技术领域的奋力赶超。徐芑南深情地说："我对大海是有感情的，我的一生都与大海紧密相连。"他先后担任 5 型潜水器的总设计师，创造性地研制了多种深潜器和水下机器人。他用一辈子的辛勤耕耘、执着奉献，实现了中华民族在深潜技术领域的奋力赶超，实现了他向海而行、勇往直"潜"的一生。

从水下 300 米到海底 10000 米，徐芑南从未退缩，始终负重前行。他说，人类征服未知世界的脚步从未停止，中国深潜触碰到水下万米，只是迈出了"第一步"……

为国受命　抱病出征

徐芑南高中毕业时正值中华人民共和国成立初期。从小在黄浦江边长大，徐芑南再熟悉不过轮船的汽笛声，但也看到了水面之上残酷的现实。毕业时，他郑重地写下了"上海交通大学造船系"。

"看到外国的船那么多，特别是那些帝国主义的船都从海上过来，所以会想，怎么加强我们的海军装备？我就这样去学了造船。"

在上海交通大学的日子里，徐芑南全身心地投入舰艇的研究中。他原以为，自己的一生将会在海"上"的研究中度过，与波涛为伴，与舰艇为伍。然而，命运却在他毕业时悄然转折。1958年，徐芑南毕业后来到了中船集团702所，开始了潜艇结构的研究工作。从此，他的一生都与国防和海洋潜水事业紧密相连。

在702所，徐芑南展现出了非凡的才华和坚韧不拔的毅力。他主持并创建了我国最大的深海模拟试验设备群，以及潜水器耐压壳稳性试验研究技术。这些成果，不仅填补了我国在这一领域的空白，更为后续的海洋装备研制奠定了坚实的基础。20世纪80年代起，徐芑南更是积极投身海洋装备的研制工作，先后担任了4项水下潜器的总设计师。

然而，徐芑南的职业生涯并非一帆风顺。我国载人深潜项目的提出，就经历了长达10年的漫长论证。在这10年里，徐芑南始终保持着对项目的关注和热情，期待着有一天能够亲自参与到这个伟大的项目中来。但遗憾的是，他未能在工作岗位上等到项目通过的那一天。1996年，60岁的徐芑南办理了退休手续。

2002年，随着对载人深潜器应用需求的日益迫切，国家正式启动了7000米深海载人潜水器研发项目。这个消息，让已经退休6年的徐芑南激动不已。虽然此时他血压常年偏高、患有心脏病等多种疾病，一只眼睛几乎看不到，仅存光感，但他仍然毫不犹豫地表示，非常希望能为7000米载人潜水器项目建设做些顾问工作。

在挑选总设计师时，中国工程院院士、702研究所原所长吴有生给徐芑南打去电话："老伙计，我们想来想去，还是要请你出山，7000 米载人潜水器总设计师非你莫属。"听到这句话，徐芑南这位向来沉稳镇定的老人，一下子激动起来。他说："从1992 年开始，我就参加了 7000 米载人潜水器研制立项的准备工作。'上九天揽月，下五洋捉鳖'是中华民族的梦想。现在，7000 米载人深海潜水器项目立项了，国家有需要，自己必须为此贡献力量。"

就这样，徐芑南于 66 岁时出任我国第一台大深度载人潜水器"蛟龙"号的总设计师。他深知，这个重任不仅代表着国家的期望和民族的骄傲，更承载着无数科研人员的梦想和心血。为了这个梦想，徐芑南夫妇把家安在了 702 所招待所，一住就是 10 年。

从浅蓝走向深蓝

接过"蛟龙"号总设计师这副重担，徐芑南面临的是前所未有的挑战。项目目标明确指出，"蛟龙"号需达到 7000 米的最大工作设计深度，但在此之前，我国载人潜水器的最大工作设计深度仅为 600 米。

每增加 100 米的水下深度，就意味着要承受 10 个大气压的增加。从 600 米到 7000 米的技术跨越，其难度之大，不言而喻。"对我们来说，这都是没有先例的，"徐芑南坚定地说，"靠什么？靠我们自己去实践，谁也不会给你，那么我们自己去设计。"

面对如此巨大的挑战，徐芑南凭借丰富的经验，全局着眼，统筹规划。他严格遵循"理论计算、仿真分析、技术攻关、样机试验、实物考核"的研制程序，确保"蛟龙"号既能深入海底，又能安全返回。他深知，每一步都必须脚踏实地，稳步前行。

在徐芑南的带领下，来自中国大洋矿产资源研究开发协会、

中国科学院沈阳自动化研究所、中国科学院声学研究所等50多家单位的科技精英们会聚一堂，共同组成了攻关团队。对于团队而言，无论是超大深度的耐压、密封、安全技术，还是深海通信和导航技术，都是全新的探索，需要从零开始。

　　"大家都在为海洋强国建设贡献自己的力量，"徐芑南感慨地说，"特别是现在，深海开发装备日新月异，许多新设备都需要我们自己去研发。"以"蛟龙"号抛载装置上的一块电磁铁为例，

院士信息

姓　　名：徐芑南
民　　族：汉族
籍　　贯：浙江省 宁波市 镇海区
出生年月：1936 年 3 月

当选信息：2013 年当选中国工程院院士
学　　部：机械与运载工程学部

院士简介

　　徐芑南，深潜器技术专家，主要从事各型无人与载人深海潜水器技术研究与装备研制工作。1958 年毕业于上海交通大学造船系，获工学学士学位。

它必须耐高压、防腐蚀。为了找到合适的材料，团队成员对国内相关厂家进行了逐一对比，进行了无数次的试验。"我们制作了模型，进行了样机测试，甚至故意把它压坏，以观察其破坏过程。"徐芑南说。

　　正是依靠团队的力量，他们成功突破了载人潜水器整体抗压、坐底方法等多项关键技术难点，顺利完成了潜水器的设计、总装建造和水池试验。

　　2009 年 8 月，"蛟龙"号首次下海试验。那时，徐芑南已经 73 岁高龄。海试一年一个新深度，从 1000 米到 3000 米，再到 5000 米，最终达到 7000 米。每一次下潜，都为"蛟龙"号带来了技术上的改进和提升。徐芑南的团队凭借着坚韧不拔的毅力和智慧，一一破解了这些关键难点。

　　在徐芑南的引领下，"蛟龙"号团队历经 10 年磨砺，终于实现了中国大深度载人潜器从"无"到"有"的历史性跨越。从浅蓝走向深蓝，他们缔造了中国载人深潜的辉煌篇章。自 2012 年以来，"蛟龙"号在我国南海、太平洋、印度洋等海区成功开展了多次应用下潜，取得了丰硕的深海科技成果。这不仅标志着我国已经具备了在全球 99.8% 以上海域进行深海资源研究和勘察的能力，也推动了我国深海装备产业的快速发展。

深海探索的不屈与坚持

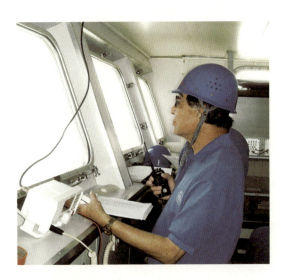

成就奉献

2009 年　国家海洋局年度十大海洋人物

　　"在他的心里，除了潜水器，还是潜水器。"徐芑南的夫人方之芬这样说道。无论身处何种境地，徐芑南都始终将潜水器放在首位。

　　在担任"蛟龙"号总设计师期间，即便身体状况欠佳，床边竖着氧气瓶、每天吃十几种药，徐芑南也从未离开过科研一线。他坚定地说："国之所需，我之所向。"这种无私的奉献精神和坚定的国家情怀，深深感染着身边的科研人员。

徐芑南不仅带领团队开展技术攻关，更不顾年龄和身体的限制，亲自验证科研成果。2009年"蛟龙"号第一次海试，年逾七旬的他坚持与大家一同登上母船。面对劝阻，他毅然决然地说："第一次海试，作为总设计师哪有不去的道理。"在海试现场，徐芑南的身影无处不在，检查设备、交流技术问题、推敲下潜步骤，他始终保持着高度的责任心和敬业精神。

海试期间，徐芑南与年轻人一同坚守了3个多月。然而，海试刚结束，他就因心绞痛发作而躺在舱室内。这种忘我的工作作风和热情，让在场的所有人深感敬佩。

后续的5000米级和7000米级海试，由于试验海区较远，徐芑南无法亲临现场。但他始终坚守在海试陆基保障中心，第一时间了解海试情况，并给出技术指导。无论半夜还是凌晨，他从未缺席。

今天，徐芑南的办公桌上仍然堆满了科研资料，他用来阅读的放大镜也换了四五个。随着"蛟龙"号的成功，他又将目光投向了海洋更深处。他说："这仅仅是个开始，'五洋捉鳖'你都得要下，太平洋我们也没到底，所以我想我们下一步要赶紧冲刺第二个目标了。"

带着新目标，徐芑南团队由胡震和叶聪接棒4500米载人潜水器"深海勇士"号和11000米载人潜水器"奋斗者"号总设计师，继续开展更新一代载人潜水器的研制。面对新的挑战，为了实现关键技术的突破和深海装备的国产化，他们付出了巨大的努力。钛合金载人舱球壳是潜水器最核心的部件，为了这一个部件自主可控，团队测试了上万件样件，花了6年时间实现了从材料到工艺的新突破。

2017 年 12 月，"深海勇士"号顺利完成海试工作并交付验收；2020 年 11 月，"奋斗者"号成功探底马里亚纳海沟，创下中国载人深潜 10909 米的新纪录。这两个潜水器的国产化率均超过 95%，标志着中国潜水器实现了"全海深"进入。

从水下 600 米到海底 10000 米，这些深海潜水器见证了徐芑南和团队的不屈与坚持。"搞了一辈子潜水器，一直想让中国潜水器的工作范围可以覆盖全球几乎所有海域，这个愿望终于实现了。"这句话，是徐芑南一生的写照，也是他对中国深海潜水器事业的深情告白。

参考资料

[1] 张楠：《潜行者徐芑南》，《中国科学报》，2024 年 5 月 9 日。

[2] 吴章科、何佳芮：《徐芑南：一生情系深蓝梦》，江苏省科协微信公众号，2021 年 8 月 24 日。

[3] 李谦：《徐芑南：向海而行　勇往直"潜"》，中央广电总台中国之声，2024 年 5 月 10 日。

[4] 张云洁、苏韬、任玲栗、卢嘉玺、黄利伟、左瑭：《徐芑南："蛟龙"出海　逐梦万米深蓝》，浙江卫视，2022 年 10 月 12 日。

2013

运 -20 大型运输机首次试飞成功

据人民网消息，2013 年 1 月 26 日，中国新一代大型运输机运 -20 首飞成功。2016 年 7 月 7 日，运 -20 正式列装空军航空兵部队。2017 年 5 月 5 日，我国自行研制的具有自主知识产权的 C919 大型客机首飞成功。中国航空工业翻开了崭新的篇章。

唐长红

业精于勤而荒
于嬉行成于思
而毁于随

唐长红 二0一三年秋

唐长红：铸就航空报国新辉煌

在蔚蓝的天际下，有一位航空人，他以对国家的深厚情感和航空事业的坚定信念，用智慧与汗水铸就了中国航空工业的辉煌。他就是大型运输机运-20的总设计师唐长红。

运-20以其憨态可掬的外形和矫捷的身姿赢得了众多喜爱，唐长红对人们亲切地称呼运-20为"胖妞"感到欣慰。然而，他并不希望自己被称为"胖妞她爸"，因为"胖妞"凝聚了成千上万人的心血，是国家实力的象征。

唐长红深知大型运输机对于国家发展的重要性。他表示："大型运输机的作用远不止于运输，航空装备制造业作为工业文明的瑰宝，其意义更在于推动国家工业水平的提升、人才实力的增强以及文化自信的彰显。"

唐长红有一句名言："人生有一件半事情要做。"他解释说，作为科研人员，不能仅仅满足于现状，更要着眼未来。即首先要把手头的工作做到最好；其次要为未来的更好发展积蓄力量和技术。

在唐长红看来，自主创新是责任和使命的体现。他坚信，中国航空业的未来在于持续的创新、科技含量的提升以及高质量的发展。

航空报国　矢志不渝

自1982年毕业于西北工业大学空气动力学专业后，唐长红的一生便与祖国的蓝天事业紧密相连，他长期从事飞机气动弹性、结构强度、总体设计工作。新"飞豹"、运-20……他带领团队设计制造出一架架翱翔蓝天的"中国名机"。他也从一名普通的技术员，一步步磨砺成为中国航空工业第一飞机设计研究院的专业组长、研究室主任、副总师、总设计师，最终成长为中国航空工业副总工程师。

在航空工业这片广袤的天地里，唐长红始终保持着对事业的无限热爱和执着追求。他深知，航空工业是国家工业水平的象征，更是国家实力的重要体现。因此，他将自己的全部精力和智慧都投入这一伟大的事业中。无论是面对技术上的重重困难，还是面对管理上的种种挑战，他都从未退缩过一步。在他的带领下，中国航空工业不断取得新的突破和进展。

20世纪末，新"飞豹"飞机的研发被国家提上了议事日程。研制周期只有常规进度的一半，飞机的战技性能指标要求高，技术台阶跨越大……面对这些难题，唐长红和团队确定：打破常规，率先采用国际上最先进的飞机设计软件进行全机三维数字化设计。

但要在计算机上设计50000多个飞机零部件、十几个系统，并实现全机数字化装配……攻关难度可想而知。唐长红只有一个想法：奇迹的产生在于战胜自我。他坚信，只要团队齐心协力，就没有克服不了的困难。在唐长红的带领下，团队自主研发了多项创新，这些技术的突破不仅提升了飞机的性能，也为中国航空工业的发展注入了新的活力。

2000年9月26日，经过艰苦卓绝的努力，唐长红和团队设计出国内第一架全机电子样机，在国内第一次实现了飞机研制三维设计和电子预装配，从传统设计跨越到国际水平。这一里程碑式的成就，不仅标志着中国航空工业在设计手段上与世界先进水平接轨，也彰显了唐长红和团队的创新精神和卓越能力。

唐长红说：你看到的每一个型号，我们可以把它叫作一个代表作，但是真正在它背后的是这个研制装备的能力和研制装备的团队。"我们每个人都有一个让国家强盛的梦，大家的力量合到一起时，就是排山倒海的力量。"

唐长红的航空报国之路，是一条矢志不渝、勇往直前的道路。他用实际行动诠释了航空报国的深刻内涵，展现了中国航空人的担当与情怀。

"数一数铆钉，看一看地板"

2007年7月，唐长红受命出任运-20飞机总设计师。2013

年1月26日，运-20成功首飞，标志着中国进入"全球大飞机俱乐部"。2016年，运-20交付空军，成为中国空军正式具备强大战略投送能力的重要标志。

5年首飞、8年交付使用，有国外的同行问这样的奇迹是怎么做出来的？唐长红说，任何新型号的研制都非易事。航空工业是一个集成型产业，其覆盖面非常广，不只是一两家厂所的事，所以伴随新型号而来的，还有整个航空产业链条以及相关辐射领域的提升。运-20飞机的奇迹密码就在于自立自强、自主创新。

唐长红表示，航空技术发展本身有很多客观规律，虽然技术水平一直在提高，但是型号研制产生的需求也在不断提高。研究工作是一个反复进行认识、实践、提升的过程，既要考虑大飞机的材料耐久性，又要考虑整体结构，还要考虑到大功率设备需求，这些考虑会对材料、电子、化学等相关领域提出新的需求，激发出新的技术创新潜力。

在运-20飞机的研制过程中，参与人员发扬大协同、大创新、大奉献的精神，先后攻破了很多技术难关。"我们把六大领域的技术，划分为400多个关键技术，在研制过程中一一按期突破。"唐长红说。

从数字化的设计、数字化的制造、仿真模拟到相关网络的协同管控，每一个环节都渗透着唐长红

成就奉献

2023年 陕西省最高科学技术奖

团队的智慧和汗水。他们不仅在国内首次实现了飞机研制三维设计和电子预装配，还全面打通了全三维设计制造生产线，节省了30%~40%的人力，进一步加快了飞机设计的迭代周期。

2024年11月12日，第十五届中国航展开幕首日，运-20开放货舱迎接观众登机参观。"在运-20的机翼上，大家可能看不到有多少铆钉，机身蒙皮也很平整，从来没有在上面涂过涂料。"唐长红介绍，得益于数字化技术的发展，运-20的蒙皮"做出来就是平的"，机翼表面形状也是适合高亚音速飞行的最高发展技术体现。

运-20的货舱可快速实现从双层座舱到单层座舱，从伞兵到武装人员等的构型转换，唐长红介绍，"货舱地板上还有很多系留装置和滚轮，能够轻松地完成几十吨货物的装载传输。所以大家在进入货舱时，别忘了看地板上有多少门道，也别忘了看周围有多少门道，这些都是运-20在装载使用过程中必不可少的细节"。

近年来，运-20先后承担了抗震救灾、比武交流、阅兵演习、国外航展等重大演习、演训，以及国际人道主义救援、国际军事比赛等出国任务。目前已具备了全天候全疆域的战略运输投送能力；先后抵达国内100多个机场，国外数十个国家和地区，创造了单机单日飞行小时以及往返总航程等多个国内运输机使用纪录。

"无法延长时间长度，但可拓展它的宽度"

"5年首飞，8年交付"，运-20的研制进度创下了"中国速度"的纪录。这一成就的背后，是唐长红及其团队的不懈努力和无私奉献。

在运-20飞机的研制过程中，唐长红始终将团队的力量放在

　　首位。他注重培养团队成员的家国情怀和团队精神，鼓励他们将自己的梦想与国家的未来紧密相连。

　　唐长红说，如果有一项工作能够把这些潜力与个人理想、国家发展和社会责任结合起来，那就最完美不过了，而航空工业正完美实现了这种结合。大飞机是新中国几代人的梦，是航空工业追求了几十年的目标。我们要把军队建强大，赶超世界一流目标，这就是我们航空人的航空报国情怀。

院士信息

姓　　名：唐长红

民　　族：汉族

籍　　贯：陕西省 西安市 蓝田县

出生年月：1959 年 1 月

当选信息：2011 年当选中国工程院院士

学　　部：机械与运载工程学部

院士简介

　　唐长红，飞行器设计专家，主要从事总体设计、飞机气动弹性、结构强度研究。2010 年毕业于西北工业大学，获博士学位。

　　在唐长红的带领下，团队成员们不仅在工作中相互支持、相互协作，更在生活中彼此关心、彼此照顾，形成了一个团结友爱、充满活力的大家庭。

　　"攻坚团队把晚上的时间用起来，把休息的时间用起来，在长达几年的时间中，没日没夜，没黑没白。他们没有计算过用了多少时间，只关注在每一个节点，大家能不能干出来！不是大家傻不知道累，这就是我们每个中国人都有的家国情怀。"唐长红感慨道。

"我们无法延长时间的长度,但是可以拓展它的宽度。"唐长红和他的团队完美诠释了这句话的真意。他们通过高效利用每一分钟,实现了"中国速度"。

如今,唐长红正在忙活那"半件事"——不断创新型号研发,为长远发展做铺垫。"振兴我们的国家,这是每一个科研人员深深扎根在心里的一件事。我们所做的每一件事情,实质上是承载着国家的期望,民族的期望。每干一次型号,对自己也是一次激发,也是一种鼓励。"

唐长红说:"作为一名航空科技工作者,我深深地体会到,要实现高水平科技自立自强,实质上就是在国家需要的时候,想用就有,想干就能。我们已经踏上高水平科技发展的万里征程,在打造大国重器的征程上,我们探索创新的步伐不会停止,航空报国、不负重托,我们必须也一定能为国家的强盛和民族的复兴做出新的更大贡献。"

唐长红和他的团队通过不懈的努力,不仅让运−20成为中国的骄傲,也为中国的航空工业树立了新的标杆,他们的故事激励着一代又一代的航空人。

参考资料

[1]高飞、马倩、吴斌斌:《唐长红:家国情怀和文化自信让大飞机翱翔蓝天》,《中国航空报》,2017年3月9日。

[2]刘洁、李子木:《唐长红:在祖国的蓝天放飞"大飞机梦"》,预测西部网,2024年8月7日。

[3]马慧星:《唐长红:数一数铆钉,看一看地板,"打卡"运20大有门道》,中国航空新闻网,2024年11月14日。

[4]刘昶荣:《唐长红委员:大飞机的奇迹密码是"自立自强自主创新"》,中国青年网,2023年3月4日。

2014

首创超强地膜制造及高值利用技术装备

　　据《澎湃新闻》消息，2014年，中国工程院院士、华南理工大学教授瞿金平全球首创ERE技术。与原有的剪切流变技术相比，ERE比螺杆挤出机能耗降低25%左右，使制品力学性能普遍提高20%以上。更为重要的是，新技术可以加工此前无法混合的材料。同年，该专利技术获中国发明专利金奖。

瞿金平

低调做人
踏实做事
不以物喜
不以己悲

瞿金平
二〇一二年十二月六日

瞿金平：奋力书写塑料机械新篇章

科学之路，无捷径可循，唯以恒心为楫，以专注为帆，方可破浪前行。瞿金平，便是这样一位在科研海洋中坚毅划桨、不懈奋进的行者。三十余载，他与高分子产品制造技术与装备相伴，在创新之途留下了深深足迹。

瞿金平在国内外率先提出高分子材料振动剪切流变和体积拉伸流变加工成型方法及原理。开始许多人认为不可思议，但瞿金平不为所动，不达目标，决不罢休。为了科学研究，为了自主创新，瞿金平几乎牺牲了所有的休息日。而这一干，就是大半辈子。

"我只是似乎成功。"在瞿金平看来，创新永远是科研的立地之本，没有中间状态，做科研是二进制，要么创新，要么落后。他自称对科研很贪心，永不满足，天不怕地不怕。"藐视一切困难，办法总比困难多"常被他挂嘴边。

瞿金平相信，中国的科学研究工作者一定有能力、有智慧走别人没走过的路，取得别人没有取得过的成绩。"关键在于打破对国外技术优势的迷信，最大限度挖掘我们自己的内在优势，这就是中国特色的自主创新道路。"

矢志求学　受教华工

瞿金平出生在湖北省黄梅县芭茅山村的一个木匠家庭，在奶奶"唯有读书，方能跃出农门"的谆谆教诲下成长。他自幼爱琢磨、爱探索，对各种发明创造充满兴趣。上大学前，他已是老家湖北小有名气的科学小能人。中学时代，他参与创办了灈港高中小型火力发电站，这段经历不仅为他日后的科研道路埋下了伏笔，也让他对"电"产生了浓厚兴趣。

然而，1973 年高考还未恢复，瞿金平的大学梦暂时破灭，不得不回到生产队务农。在务农期间，他跟随父亲学习木匠手艺，

几个月后便出师。由于在高中时搞过小火电，他后来被抽调到大队筹建小型火力发电站，并独自完成了全部设计，包括配电。大队买不起直流发电机，他便到黄州购买了旧的电动机，又到武汉购买了旧的电容器，成功让芭茅山村用上了电灯，结束了点油灯的历史。

1976 年，瞿金平被调到大队小学当民办教师。不久之后，他得知高考恢复的消息，兴奋不已，重新拿起书本，对高考充满了

信心。1977年，他参加了恢复高考后的第一次考试，并于1978年收到了华南工学院（现华南理工大学）塑料机械及加工专业的录取通知书，成为恢复高考后山村的第一批大学生。

进入大学后，瞿金平感慨万千："自从叩开了知识殿堂的大门，在大学的学习就是海阔凭鱼跃，天高任鸟飞。"他一天到晚忙着学习、考试，还忙着"挤"时间看电影。由于他上大学前有过安装有线广播扩大器的经验，系里便抽调他负责广播站的工作，有时他还会为老师和同学们义务修理收音机等电器。

瞿金平的4年本科学习生活虽然清苦，但非常充盈。他成绩优异，各科成绩基本上很少有低于90分的。除了自己专业的课程，他还选读了自动化控制课程、电子技术课程。他的毕业论文《关于销钉螺杆理论与实验研究》受到了同行专家的好评，详细摘要被推荐到欧洲塑料工程学会发表，这也是华南工学院塑料机械及加工专业在国际上发表的第一篇学术论文。

毕业留校任教两年后，瞿金平继续在校攻读轻工机械专业研究生。在此期间，他基于科研工作的实践经验，加上刚刚萌发的新的聚合物加工成型思想，自学了线性系统理论、现代控制理论及非线性理论等课程，掌握了一些交叉边缘学科知识。他的硕士毕业论文将无线电和自动控制理论中的网络分析法引入到聚合物挤出成型过程计算模拟中，提出了全新的聚合物流场分析计算方法——形象网络分析法，解决了复杂挤出流道的理论计算与优化设计问题。

科研起家于3万元和厕所

1988年，瞿金平的新构想在计算机仿真模拟中取得成功，他建立了将机械、电子、电磁技术融合的"机电磁一体化聚合物动

成就奉献

1995 年　广东省科学技术进步奖 特等奖
1996 年　广东省"八五"重点科技项目十大
　　　　科技成就
1997 年　国家技术发明奖 二等奖
2001 年　中国高校科学技术进步奖 一等奖
2002 年　教育部提名国家科学技术进步奖
　　　　一等奖
2003 年　中国专利优秀奖
2003 年　汕头市科学技术进步奖 二等奖
2003 年　广东省专利发明创造金奖
2005 年　全国发明展览会奖
2006 年　国家科学技术进步奖 二等奖
2008 年　日内瓦国际发明展览会金奖
2008 年　高等学校科学研究优秀成果奖技术
　　　　发明奖 二等奖
2010 年　广东省科学技术进步奖 一等奖
2014 年　高等学校科学研究优秀成果奖技术
　　　　发明奖 一等奖
2014 年　中国专利金奖
2015 年　国家技术发明奖 二等奖
2016 年　何梁何利基金科学与技术创新奖
2017 年　广东省科学技术奖突出贡献奖
2020 年　全国创新争先奖状
2020 年　广东省科学技术进步奖 一等奖

态成型工程原理"的全部构想。

仿真模拟成功后，需要研制样机，此时的瞿金平面临着抉择：去国外深造或在国内研究课题。国内一些学术权威人士对他的理论持怀疑态度，认为没有实用价值。然而，瞿金平坚信自己的研究价值，他揣着课题和国外博士生录取通知书，找到了华南理工大学时任校长刘振群。他坚定地说："要是在国内能让我研究我的课题，我一定不出国。"刘校长被他的决心打动，问他需要多少经费，他回答："3万元。"

就这样，瞿金平拿到了"借来"的 3 万元，开始了原理样机的研制。1989 年 9 月，样机成功运转 5 分钟，挤出了短短一根塑料条。这标志着电磁动态挤出理论的可行性得到了初步验证。瞿金平激动万分，他在书房的表格上角写下："这将使传统塑料成型设备更新换代。"

1990年10月，第一台塑料电磁动态塑化挤出原理样机研制成功。与传统挤出机相比，新设备能耗降低了20%，体积重量减少了50%，噪声小，成型产品质量高。这一成果让瞿金平看到了研究的广阔前景。

随后，学校成立了以瞿金平为主任的机电磁一体化塑料机械研究室。研究室共4人，没有实验室，学校将一间厕所改造为实验室。他们开始开发中试样机和产品样机，攻坚近3年。

1993年11月，塑料电磁动态塑化挤出设备产品样机通过技术鉴定，被认为是一项国内外新发明，是塑料加工工业中挤出成型方法与设备的一项重大突破。该新发明在全国火炬新技术及产品展览会上获得金奖，被评为国家级产品。

1995年12月，同样根据聚合物电磁动态成型原理研制的电磁动态塑料混炼设备和注塑成型设备样机也通过技术鉴定，同属世界首创。国际著名塑料机械专家门格斯教授对此称赞不已："这是一项真正的科技发明。"由于这项国内外领先的原创技术，瞿金平获得了多项荣誉。1995年，他荣获被誉为"世界制造业诺贝尔奖"的香港蒋氏科技成就奖。

螺杆是塑料生产行业的代表性零部件，对塑料工业发展至关重要。但螺杆长度增加导致能耗增大、加工困难。20世纪90年代初，瞿金平开始致力缩短螺杆的研究，率先将周期性变化力场引入螺杆塑化加工，提出动态塑化加工方法及原理，并成功发明相关设备，有效缩短了螺杆长度。然而，螺杆加工基于剪切流变的原理未变，塑料生产行业仍面临能耗问题。

在研究中，瞿金平发现外加振动力场可增加对物料的拉伸流变作用，于是大胆提出了从强化拉伸流变作用到实现拉伸流变为

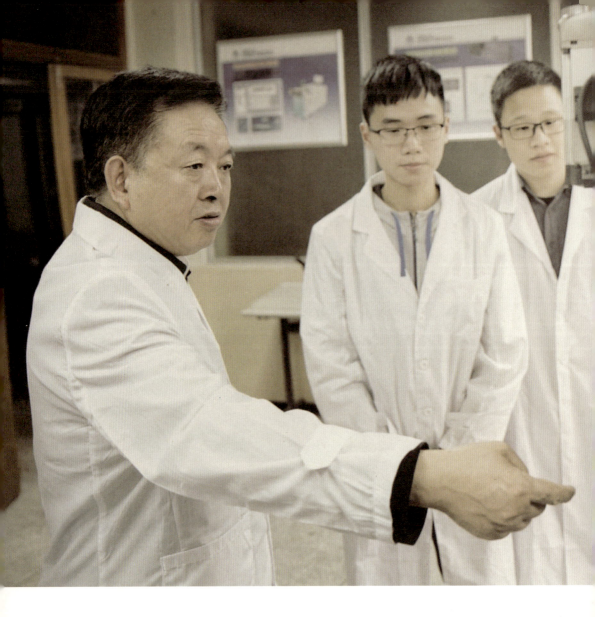

主导的技术思想。2008 年，他和团队成功研制出国内外第一台无螺杆的体积拉伸流变挤出设备原理样机。该成果被誉为国内外高分子材料成型加工领域的重大创新，技术处于国际领先水平。

"先立地后顶天"

新设备样机生产出来之后，瞿金平非常关心样机在企业的实

院士信息

姓　　名：瞿金平
民　　族：汉族
籍　　贯：湖北省 黄冈市 黄梅县
出生年月：1957 年 6 月

当选信息：2011 年当选中国工程院院士
学　　部：环境与轻纺工程学部

院士简介

　　瞿金平，轻工机械工程专家，主要
从事高分子材料加工成型装备技术与理
论研究。1987 年毕业于华南理工大学，
获轻工机械硕士学位，1996 年在职获四
川大学高分子材料博士学位。

际生产情况，毕竟只有一线的员工才最有资格判定机器是不是真
的合格。结果，机器经受住了企业的考验，样机试用企业纷纷打
来电话，激动地表示要在设备正式投产以后第一时间告诉他们。

　　"经过在东莞、汕头、武汉、深圳等地企业的实际生产状况
统计，我们的物料损耗大大降低，能耗下降约 30% 左右，污染自
然也就跟着大大下降。"瞿金平说。

　　塑料机械行业关于这项新技术的垄断战已经悄然打响。早在

参加广州国际橡胶塑料机械展览会的时候，就有德国、意大利、日本等国从事塑料加工设备生产的大公司向瞿金平抛出了橄榄枝，"他们甚至和我们的工作人员悄悄地接触，问是不是可以买我们的样机"。瞿金平笑着说。国内塑料加工企业更是闻风而动，纷纷表达了求购意向。

面对如何加快新设备投产，瞿金平表达了希望把新设备的产业化放在广东的心愿。"本地的塑料产业产量占据全国四分之一强，稳居全国第一，在这里投产最合适。这是老行业转型升级的大好时机，也是我们在国际塑料加工机械领域打翻身仗的绝佳机会。"

瞿金平的科研思路是"先立地后顶天"。他先将研究成果应用于生产实践，形成一系列高分子产品先进制造成套技术装备，再完成理论凝练与总结。就这样，他在被国外技术垄断较强的高分子材料加工成型及机械领域，闯出了一条属于自己的路。

虽然瞿金平曾有多次海外求学或工作的机会，但他放不下正在进行的研究项目，更不想将他在国内研制的新技术拿到国外去开花结果。他说："科学不分国界，而科学家是有祖国的。中国的塑料成型加工技术及设备很落后，我有责任改变这种状况，这是我的使命和荣耀。"

殊荣加身，瞿金平未敢懈怠，他如领航之舟，引领团队向着新的彼岸破浪进发。他总结自己一生从事高分子材料加工技术与装备研究，主要做了"三件事"：一是高分子材料动态剪切流变加工原理和技术研究；二是高分子材料体积拉伸流变加工原理和技术研究；三是与拉伸流变塑化加工原理和技术相匹配的一系列制品短流程成型制造技术创新研发，例如，解决地膜污染难题的高强度全回收增产地膜先进制造与循环利用、提升超高分子量聚乙烯等工程塑料成型加工效率 10 倍以上的极端流变聚烯烃制品短流程高效制造等。

他常自省："党和人民培养了我多年，我为人民为国家做了什么？所有荣誉都是过眼烟云，只有对社会的贡献才是永恒的。"其言熠熠生辉，彰显出一位科研工作者的高尚情怀与使命感。

参考资料

［1］朱汉斌：《瞿金平：从乡间小路步入科学殿堂》，《中国科学报》，2018 年 8 月 24 日。

［2］贺蓓、王靖豪：《2017 年度广东省科学技术突出贡献奖得主瞿金平院士：做科研是二进制，要么创新要么落后》，《南方都市报》，2018 年 6

月21日。

　　[3] 龙跃梅、黄博纯：《瞿金平：跟螺杆较劲的院士》，《科技日报》，2018年7月16日。

　　[4] 陶韶菁、李文芳、卢庆雷：《瞿金平：对社会的贡献才是永恒的》，《光明日报》，2012年10月23日。

　　[5] 朱汉斌、王剑：《瞿金平院士忆高考：山村"博士"与电结缘》，《中国科学报》，2017年6月8日。

　　[6] 叶青：《瞿金平院士团队：创新地膜技术终结白色污染》，《广东科技》，2021年第9期。

　　[7] 叶青：《这项技术提升超高分子量聚乙烯产能10倍以上》，光明网，2021年10月22日。

2015

全球首创手足口病肠道病毒 71 型 EV71 疫苗获批

据中央政府门户网站 2015 年 12 月 18 日发布的消息，中国国家食品药品监督管理总局 12 月 3 日批准全球首个肠道病毒 71 型灭活疫苗（人二倍体细胞）生产注册申请。并提到该疫苗突破了疫苗二倍体细胞规模化生产和质量控制关键技术瓶颈，临床试验结果显示，安全性较好。

王军志

　　王军志长期为提高中国药品安全水平，维护人民群众健康权益作出了突出贡献。

王军志：提升我国生物医药国际标准话语权

2024 年 6 月 24 日，北京迎来了全国科技大会、国家科学技术奖励大会、两院院士大会。在这场科技界的盛会上，王军志团队参与完成的"全球首创手足口病 EV71 疫苗研制及产业化"项目荣获了 2023 年度国家科学技术进步奖二等奖，这一荣誉不仅是对王军志团队多年辛勤付出的肯定，更是对中国在原创疫苗研发和标准领域取得重大突破的见证。

EV71 病毒，作为导致全球重症手足口病的主要病原体，长期以来严重威胁着婴幼儿的健康。面对这一国家重大需求，自 2008 年起，中国食品药品检定研究院的王军志团队便以早期介入、标准先行为理念，联合国内多家疫苗研发相关机构，共同构建了研发—质控—生产的联合攻关团队，突破了疫苗研发过程中的一系列技术瓶颈。

为了 EV71 疫苗能够早日上市，王军志团队倾注了无数心血。他们研究建立了疫苗评价的关键技术平台，为疫苗的安全性和有效性提供了有力保障。正是他们的不懈努力，使得国际上首个 EV71 灭活疫苗得以顺利进入 Ⅲ 期临床研究，并最终在 2015 年成功上市。这款疫苗的上市，在保障儿童生命健康方面发挥了举足轻重的作用，也为无数家庭带来了福音。

在荣誉面前，王军志院士表现得十分谦逊和坚定。他表示："我们要以巨大的担当精神面对日益严峻的国际形势和接踵而来的巨大挑战。积极做好本职工作，推动实施中国药品监管科学行动计划，占领生物医药国际标准制高点，提升我国原创新药成果转化的效率和成功率，与广大科技战线工作者一道，为实现我国由制药大国向制药强国转变的战略目标做出新的更大贡献。"

研发重症手足口病新型疫苗

2008 年 3 月，安徽省阜阳市突发严重手足口病疫情，短短两个月内，病例数高达 3700 余例，不幸死亡 22 人，这一事件迅速引起了社会的广泛关注。经确认，此次疫情是由肠道病毒 EV71 引发的。该病毒不仅会导致手足口病，还可能引发脑干脑炎、无菌性脑膜炎、急性脊髓炎、急性小脑共济失调、神经源性肺水肿和心肺衰竭等重症，对患儿的生命健康构成严重威胁。

面对这一严峻形势，国家科技支撑计划于 2008 年迅速设立"EV71 病毒灭活疫苗及生产用毒种的质量控制研究"课题，并指定由王军志领衔负责。王军志带领团队，迎难而上，攻克了 EV71 病毒灭活疫苗研发的多个技术瓶颈。还通过精心筛选和评价，找到了高免疫原性、广谱中和的疫苗毒种，从源头上保障了疫苗的成功研发。同时，王军志团队还创建了 EV71 疫苗标准化临床评价平台，并率先在全球范围内证实了该疫苗的临床保护效果高达 90% 以上。

2015 年，这一针对 EV71 重症手足口病的新型疫苗终于成功上市。我国成为迄今为止全球唯一

成就奉献

2004 年　国家科学技术进步奖 二等奖
2008 年　国家技术发明奖 二等奖
2008 年　国家科学技术进步奖 二等奖
2011 年　国家科学技术进步奖 二等奖
2014 年　中国药学会科学技术奖 一等奖
2017 年　全国创新争先奖状
2023 年　国家科学技术进步奖 二等奖

成功研制并生产 EV71 疫苗的国家，这一成就不仅彰显了我国的科研实力，更为全球手足口病疫情防控提供了有力武器。疫苗上市后，其防控效果立竿见影。截至 2022 年，我国手足口病重症人数较疫苗上市前下降了约 94%，死亡人数更是下降了约 99%，社会效益极为显著。

为推动该疫苗走向世界，保护全球更多受 EV71 威胁的儿童，王军志院士再次发挥关键作用。2019 年，世界卫生组织（WHO）正式启动《肠道病毒 71 型（EV71）灭活疫苗的质量、安全性及有效性指导原则》的制定工作。王军志受邀成为起草工作组的 7 名核心专家成员之一。与其他专家一道，在 EV71 中和抗体和 EV71 疫苗抗原两个国际标准品研制成功的基础上，结合我国疫苗研发和生产规程，深度参与了生物制品标准化专家委员会（ECBS）的工作，引领了疫苗领域国际标准的制定。这一举措对于提升我国在现代医药生物制品领域的国际影响力和话语权具有重要意义。

2020 年，在第 72 届世界卫生组织生物制品标准化专家委员会会议上，由我国主导制定的《肠道病毒 71 型（EV71）灭活疫苗的质量、安全性及有效性指导原则》获得审议通过，正式成为国际标准。这一文件的出台，为全球 EV71 疫苗的研发、生产、评价以及应用提供了基本规范，为全球 EV71 疫情防控提供了关键指南。同时，这也为我国 EV71 疫苗通过 WHO 预认证、进入联合国疫苗采购清单、走向国际市场奠定了坚实基础。

促使我国甲型 H1N1 流感疫苗率先在全球上市

2012 年，王军志因长期以来在提高我国药品安全水平和维护人民群众健康权益方面的突出贡献，荣获了白求恩奖章。这一荣

誉不仅是对他个人的肯定，也是药品检验领域专家首次获此殊荣，标志着我国在该领域的重大成就。

自1995年以来，王军志在生物制品检验检定应用性科学研究领域取得了显著成果。他主持建立了符合国际标准的生物技术药物质量控制技术体系，这些工作极大地提升了我国生物制品的质量控制水平和安全保障能力。更为重要的是，他攻克了大流行流感疫苗质量控制的关键技术难关，使我国甲型H1N1流感疫苗

院士信息

姓　　名：王军志
民　　族：汉族
籍　　贯：湖南省 娄底市
出生年月：1955 年 9 月

当选信息：2019 年当选中国工程院院士
学　　部：医药卫生学部

院士简介

　　王军志，生物制品与生物药学专家，主要从事生物药质量评价关键技术研究。1993 年毕业于日本三重大学，获博士学位。

在全球率先上市，为防控流感疫情做出了巨大贡献。

　　面对 2009 年甲型 H1N1 流感的突然暴发，王军志及其团队迅速响应，率先建立了大流行流感疫苗质量控制关键技术体系。他们首创了流感疫苗中血凝素含量测定方法，并研制了替代参比品，对疫苗进行统一定量赋值，有效解决了疫苗血凝素定量的难题。同时，他们还建立了标准化的流感疫苗临床试验血清学评价方法，使检测准确性、重复性等指标与国际先进实验室保持一致。

这些技术突破不仅提高了我国应对流感病毒变异株大流行时疫苗研发和质量控制的技术能力，也为全球流感防控提供了宝贵经验。

在 2009 年甲型 H1N1 流感防控中，中国是世界唯一成功应用新评价技术保证疫苗在全球率先批准上市的国家。"我们就是利用了自己建立的替代方法和临时标准试剂，成功地应用于国内 10 家企业生产的原液定量，然后由中国疾控中心组织开展临床试验，在这个过程中大大缩短了时间。"王军志说，在他们临床试验第一针的结果公布后，才得到世卫组织的标准试剂。"将世卫的标准试剂和我们研制的替代试剂进行对比，结果高度一致，这说明我们临床试验的结果就不用校对了，这就等于我们的临床试验抢在世界的前面开始了，这就是为什么我们的疫苗研发走在世界前列的一个很重要的原因。"

在疫苗的研发和生产过程中，王军志始终坚持质量控制高标准、严要求。他指出，我国和发达国家疫苗生产企业的检定项目、标准和要求基本一致。我国对所有上市疫苗都采取批签发制度，对每一批疫苗都按国家批准的标准进行批签发放行。这种严格的质量控制体系确保了疫苗的安全性和有效性。

近一亿人接种后，王军志团队建立的评价技术体系得到了充分的验证。其安全性和有效性评价资料证明该技术体系是科学可靠的，相关工作也得到了国内外同行的高度认可和世界卫生组织的高度评价。世界卫生组织助理总干事陈冯富珍特地前来参观中检院实验室，并为他们在甲流防控中所做的贡献题词："感谢中检所专家在 H1N1 防控上所做的贡献，在你们的努力下，中国是做成全球第一支 H1N1 疫苗的国家，这是中国的骄傲，也是科学界的成就、世界人民的福音。"

保障"健康中国 2030"目标实现

新冠疫情是一场全球传染病大流行，给人类社会各方面带来重大影响。王军志认为，生物医药在诊断试剂、疫苗、抗疫药物等方面为疫情防控提供了关键物质保障和技术支撑，同时也开启了未来突发传染病疫苗和药物研发的新格局。

"大力发展生物医药是推进健康中国建设的重要支撑点，生物医药的发展预示着一个革命性时代的到来。"王军志说，生物医药作为战略性新兴产业，也是重要的民生产业。生物医药不仅在重大疾病的治疗中不断取得革命性突破，而且在防控新突发传染病、维护国家安全方面发挥了举足轻重的作用。

在中国式现代化建设进程中，王军志认为，对于生物医药这一与民生息息相关的战略性新兴产业，实现中国式现代化的要旨就是保障公众对于高质量生物医药产品的可获得性和可负担性，最大程度保障全体人民共享生物医药发展的成果，在此基础上推动生物医药产业高质量发展，实现"健康中国 2030"目标。

"面对未来突发传染病的挑战，我们迫切需要通过对新冠疫情背景下生物医药研发和应用的分析，提出新的历史背景下生物医药发展的战略规划和路线图，推动生物医药高质量发展，提升应对重大突发公共卫生事件的能力。"王军志说，我们还要积极开展国际合作，在世界生物医药大发展的时代背景下，推动我国生物医药创新和国际化，推动更多的中国生物医药产品成为全球公共产品，为构建人类命运共同体做出中国贡献。

参考资料

［1］王军志：《王军志院士：推动生物医药领域创新与发展》，《中国科

学报》，2022年11月24日。

［2］李时、辰赫：《我国主导制定的EV71灭活疫苗指导原则成为国际标准》，《中国青年报》，2020年12月30日。

［3］周婷玉、吴晶：《专家：关键技术支撑我国甲流疫苗研发全球领先》，新华社客户端，2009年11月4日。

［4］未注明：《2012年"白求恩奖章"获得者——王军志》，中华人民共和国国家卫生和计划生育委员会官网，2013年1月7日。

2016

首款新能源飞机诞生

据新华社报道，我国首款新能源飞机——锐翔ＲＸ１Ｅ电动双座轻型运动类飞机，成功完成低温试飞试验，同时也进入量产阶段。从项目立项到完成适航验证、获得生产许可证，不到4年时间里，锐翔ＲＸ１Ｅ克服了一道道技术难关，创造了电动飞机研发领域的多项"第一"，为实现绿色航空提供了宝贵的技术经验。

杨凤田

際索到人
實思策好
務勤細用

楊鳳田
2008年4月16日

杨凤田：六旬航空志，报国万里云

　　83 岁的杨凤田院士仍然工作在航空事业一线。2024 年，杨凤田院士获得辽宁省科学技术奖最高奖，表彰他为辽宁科技创新发展做出的贡献。

　　杨凤田，我国著名航空技术专家，中国工程院院士。1941 年 6 月生于辽宁省锦州市义县。1964 年毕业于中国人民解放军军事工程学院。曾任歼-8 多个型号飞机总设计师、沈阳飞机设计研究所副所长、沈阳航空航天大学校长，现任沈阳航空航天大学名誉校长、辽宁通用航空研究院首席科学家、航空工业沈阳飞机设计研究所首席专家，是我国电动、氢能新能源飞机研发的先行者。

　　如果梦想有颜色，对于杨凤田来说，那一定是天空蓝。

　　从大学毕业从事飞机总体设计工作开始，杨凤田已经在航空事业一线奋战了 60 年。

　　"我的工作阶段，概括来说，干了 3 件事：第一件事是参加和主持了歼-8 系列飞机的研制；第二件事是当了一回大学校长；第三件事是创建了辽宁通用航空研究院，主持了我国通用航空新能源电动飞机的研发、生产和应用。"杨凤田说，自己出生在旧社会，亲身经历了我国从站起来、富起来到强起来的伟大飞跃。对他来说，爱党、爱国是刻在骨子里的情怀。凭着对事业的热爱，已经耄耋之年的杨凤田仍然耳不聋、背不弓，思维敏捷，精力充沛，记忆力很强，每天坚持 6 小时以上的工作，一直战斗在新能源飞机研发和通航产业推广的第一线。

　　"我的一切都是党给的，我也要把我的一切交给党。"回顾自己的经历，杨凤田感慨良多。"只要身体允许，我就会一直工作下去。"

自主研制新能源飞机

杨凤田的通航梦起源于 20 世纪 80 年代中期。当时，他在担任沈阳飞机设计研究所总体设计室主任期间，就曾组织有关人员设计过"沈阳农林"飞机。2007 年当选工程院院士后，他获得了一笔科研基金，这重新燃起了他的通航梦。

"得用这笔钱为国家做点事。"经过深思熟虑，杨凤田决定，将这笔经费用于研制小型通用飞机。研发传统油基通用飞机只能

跟在先进国家后面，受电动汽车的启发，杨凤田决定"变道超车"，研发轻型电动飞机。

根据研发需要，杨凤田集聚了一批来自各方面的人才，组建了研发团队，并在沈航成立了"通用航空实验室"。不久后，他提出建议：依托辽宁航空产业优势，大力发展通用航空，建设通用航空产业链和产业集群。同时，创建辽宁通用航空研究院，采用"产学研"的模式，推动我国的通用航空迈入领先行列。

2011年，杨凤田正值古稀之年，在省有关部门的支持下，他创建了辽宁通用航空研究院。

"不想，永远是零，想，可能是零，也可能是成功。"杨凤田说。

古稀再追梦，杨凤田带领团队系统开展了新能源通航飞机关键技术的攻关与型号研制，攻克了一批电动飞机设计、制造、关键系统、核心零部件的技术难题，带动了我国航空锂电池、电推进系统、复合材料结构设计等技术的发展，相关性能指标均达到世界领先水平。先后成功研发了两型双座锂电池电动无人机，一型双座燃料电池飞机。有3款双座电动飞机取得中国民用航空局颁发的型号合格证。历经 5 年多时间，攻克许多技术关键，采取一系列创新手段，四座电动飞机即将按照中国民用航空局 23 部取得正常类飞机型号合格证（TC），成为世界首款取得适航证的正常类电动飞机。四座水上电动飞机试验机、世界首款四座氢内燃飞机试验机均已成功首飞。

杨凤田带领"锐翔"电动飞机已经形成了双座、四座，陆上、水上，有人、无人，电动力、混合动力等完整的轻型电动飞机谱系，形成了系列化、谱系化发展格局。两型增程飞机已经实现产业化。工信部指出："该团队研制的轻小型固定翼电动飞机产业化水平，处于全球领跑地位。"

老骥伏枥，创建北京氢能通用航空创新研究院

在电动飞机取得成功后，杨凤田院士并没有停下脚步，而是开始了新的创新征程——发展氢能飞机。氢燃料内燃机飞机以氢燃料作为推进能源，碳排放量接近为零。随着全球对清洁能源的重视以及航空领域对碳排放控制的加强，氢能飞机无疑将成为未来的发展趋势。杨凤田院士敏锐地捕捉到了这一机遇，并率领团队自筹经费，开始了氢能飞机的研制工作。

经过不懈努力，杨凤

成就奉献

2022 年 辽宁省科学技术奖最高奖

田团队研制出世界首款四座氢内燃飞机试验机，并于 2023 年 3 月 25 日在沈阳完成验证试飞，是我国自主研制的第一架以氢内燃机为动力的通航飞机。该验证机搭载的是中国第一汽车集团有限公司基于"红旗"汽油机研发的国内首款 2.0L 零排放增压直喷氢燃料内燃机，功率为 80 千瓦。

验证机首飞完成后，杨凤田院士团队结合未来应用场景不断推动技术进步，进一步提升发动机功率以达到在通航机场的正常运行要求。2024 年 1 月 29 日成功首飞的原型机，发动机功率经台架测试达到了 120 千瓦。据试飞员反馈，飞机动力充足、振动较小、操纵性能良好。首飞为下一步持续性试飞奠定了坚实基础。

由杨凤田院士发起，在北京市主要领导的关怀和大力支持下，成立了市属事业单位——北京氢能通用航空创新研究院，举办单位是北京市经济和信息化局，北京航空航天大学、北京理工大学等多家单位共建。其宗旨是创新、拼搏、务实、高效地开展通用航空飞行器、发动机氢能化改造关键技术研究与验证，推进绿色航空装备科技成果转化，促进科技资源共享。

2024 年 9 月 25 日，北京氢能通用航空创新研究院在延庆区低空经济发展大会上揭牌正式成立。依托下属事业部分别成立了北京锐翔通用飞机制造有限公司、北京海卓臻氢航动力科技有限公司、北京氢涡轮动力科技有限公司，正在开展氢能通用航空器的设计、研制、制造等相关工作。

使歼-8飞机真正形成战斗力

走进沈阳航空航天大学，正门不远处的升旗广场上，停放着一架歼-8 Ⅱ飞机，它正是当年杨凤田参与和领导研制的首批飞机之一。

　　杨凤田大学时的研究方向是飞机发动机，工作后，他被分配到飞机总体设计室，从事飞机总体设计、协调工作。这类似于今天的大学生毕业后经常苦恼的"专业不对口"。

　　怎么办？杨凤田也有过调走的念头，然而，他又不甘心就这样离开。于是，他开始自学空气动力学、结构力学等相关知识，还翻译了一本俄文版《现代飞机燃油系统》。随着基本功的提升，他逐渐对飞机总体设计产生了兴趣，并参与了歼-8的设计研制。

院士信息

姓　　名：杨凤田

民　　族：汉族

籍　　贯：辽宁省锦州市义县

出生年月：1941年6月

当选信息：2007年当选中国工程院院士

学　　部：机械与运载工程学部

院士简介

　　杨凤田，飞机总体设计专家，主要从事飞机总体设计、新能源飞机、通用航空研究。1964年毕业于哈尔滨军事工程学院。

　　歼-8 Ⅱ型飞机有着"空中美男子"之称。研制歼-8 Ⅱ期间，杨凤田先后担任总体设计室副主任、主任，型号总设计师助理，型号副总设计师，协助总设计师顾诵芬。这些也为他日后独立主持飞机型号研制工作打下了坚实的基础。

　　很多资深军事迷依旧记得，1999年10月1日，中华人民共和国成立50周年国庆阅兵式上，空中梯队中出现一架加油机和两架受油机组成的"加受油楔队"，它们准确无误地通过了天安门上空接受检阅。这标志着中国航空兵续航能力的增强。空中梯队中的受油机，就是由杨凤田主持研制的。

1988年，空中加油工程立项。按照项目要求，用轰炸机改成空中加油机，自行研制空中加油吊舱，用歼-8Ⅱ型飞机改成空中受油机。杨凤田受命担任型号常务副总设计师(后任总设计师)，主持飞机研制工作，在缺乏技术资料、国外技术封锁的情况下，他以"经济、可靠、实用"为原则，开始了创新突破之路。

加油是在空中进行的，加受油设备如何实现精准对接？加油时两机相距15米，会不会相撞？受油机安装受油探管后，对飞机的结构、强度和气动力有没有影响？发动机是否会停车？加油过程中是否会因漏油而着火……一个个谜题等待着杨凤田带领团队去破解。

因为研制周期很短，不可能新建很多试验设施去按部就班地研制。杨凤田带领大家想了很多办法，克服困难去做验证试验。

"型号要上去，干部要下去。"无论是技术攻关现场还是试飞现场，总能看到杨凤田的身影。

中国工程院院士顾诵芬曾这样评价杨凤田："他对此项国内毫无基础，国外又对我国严加封锁的技术，毫不畏惧，临危受命为常务副总设计师……他动员方方面面的力量，团结协作，共同努力，使歼-8Ⅱ型飞机在两年内实现了空中受油能力。"

由于歼-8Ⅱ型飞机受油技术的成功，受油技术又推广到了国产的其他机型上。

此外，杨凤田还成功地领导研制了歼-8H型飞机、歼-8F型飞机，前者使中国的战斗机第一次具备了下视进攻能力，后者使中国的战斗机第一次具有超视距攻击能力和双目标攻击能力。

2007年，在战斗机设计一线拼搏了43年的杨凤田获得了我国工程科学技术方面的最高学术称号——中国工程院院士。

教书育人传承航空精神

走在辽宁通航研究院的大楼里，杨凤田遇到年轻人，总是面带和蔼的笑容，十分热情地嘘寒问暖，询问在忙什么、有没有遇到什么难题……如果有人回答遇到了什么困惑，他就会耐心地提供建议。

然而，如此随和的院士，也有发火的时候。那是杨凤田刚刚就任沈阳航空航天大学校长的时候。

为推进学校发展，2010年3月刚刚更名的沈阳航空航天大学开始寻找相关专业的院士来担任校长，并向杨凤田发出邀请。

杨凤田特意召开了家庭会议，然而，一向支持他的爱人却极力反对："你都70岁了，身体又不怎么好，又没办学校的经验，千万别去。"孩子也同意妈妈的意见。

杨凤田何尝不理解家人的担忧，但最后，他还是选择了服从组织的决定。

2010 年 6 月 18 日，年近古稀的杨凤田成了沈航校长。干就要干好！在表态发言中，他提出，"争取把沈航办成省内一流、国内知名、国际有一定影响力的大学"。

新学期开学不久，杨凤田通过抽查听课和现场调查发现，学生的学习热情不高，上课不认真，下课后没人管，很多学生去泡网吧。有媒体还对学校附近的网吧暗访，进行了曝光。

忘了自己患有高血压，杨凤田这一次真的发怒了。

认真思考后，他提出了两项措施：一是把单一学分制变成双轨制。学生除了毕业时必须达到要求的学分外，还实行升、留（降）级制度。二是把一年级新生分成小班，实行"小班制"。每个小班配一名导师、一个专用教室，学生没课时都要到小班学习。学生由导师和年级辅导员共同管理，并强调让学生进行自我管理。

回想此事，杨凤田依旧动情："学生能接受高等教育，机会来之不易，国家为此投入很大；家长为了孩子升入大学，在经济、精力上付出很多；学生们十余年寒窗苦读，才在同龄人中脱颖而出，不能松懈。因此，沈航学子必须自强自立，学好本领，以优异的成绩回报国家、报答父母，也对得起自己的青春年华。"

为了提升学生的实践能力，杨凤田还在航空有关厂、所建立了实践基地，与有关单位联办飞行器设计与制造学院、动力学院、民航学院等，学生第四年到有关单位结合实际进行专业学习并完成毕业设计。

在杨凤田的主导下，学校集中建成了"航空制造工艺数字化国防重点学科实验室""航空发动机重点实验室"等一系列实验室。他还先后建立了沈阳民用航空产业集群协同创新基地、辽宁省通用航空重点实验室、辽宁省通用航空工程研究中心、辽宁省通用航空协同创新中心、辽宁省高等学校重大科技平台、新能源通用飞机技术国家地方联合工程研究中心。

此外，他还为贫困学子建立幸福基金；推动学校获批硕士推免权；悉心传授自己在飞机型号研制中的宝贵经验……

7年多的校长生涯，3万余名学生，面貌焕然一新的沈航，杨凤田用实际行动让老一辈航空人的精神在年轻一代中薪火相传。在卸任校长后，他依旧努力推动学校成为博士学位授予单位，实现了本硕博贯通培养。

在带领团队过程中，杨凤田更是以身作则，全力托举年轻人成长。无论是在战斗机还是通航飞机研究过程中，他从不吝惜给年轻人机会，并经常给予他们鼓励和支持："孩子，不要有心理包袱，放手干，出了问题我负责。"

王明阳是沈航2011届毕业生，毕业后被杨凤田留在辽宁通航研究院工作。

在一次讨论中，王明阳提出能否把双座增程飞机改成水上飞机。经过一段时间的思考，杨凤田认为这个想法非常好，于是支持他牵头研发一款双座水上飞机。

"他很聪明能干，不仅能设计、动手制造飞机，还学会了驾驶飞机。他还可以进步更快些！"杨凤田说。

王明阳后来任辽宁通航研究院副院长，现在是北京氢能通用航空创新研究院院长，独立挑起了新能源飞机研发的重任。水上飞机也开始在云南白鹤滩、甘肃刘家峡等风景区运营。

多年来，杨凤田培养了一支既能设计、制造、试验，也能适航取证的队伍。这是我国通用航空业新能源飞机领域的唯一队伍，为通用航空进入新能源时代打下了坚实的基础。

60 年来，杨凤田参与和主持研发型号之多，在航空界是不多见的。杨凤田是歼—8 五个型号飞机总设计师，先后获国家科技进步特等奖 1 项、二等奖 3 项，省部级科技进步一等奖 7 项，并多次荣立国家级、省部级、集团公司一等功、二等功。2004 年获中航一集团"航空金奖"；同年被人事部、国防科工委授予"国防科技工业系统劳动模范"；2006 年被中航一集团授予"航空报国杰出贡献奖"；2017 年获"中国航空学会科学技术一等奖"；2019 年获"辽宁省科学技术进步一等奖"；2023 年获"辽宁省科学技术最高奖"。

参考资料

［1］赵雪：《筑梦蓝天一甲子——记省科学技术最高奖获得者、沈阳航空航天大学杨凤田院士》，《辽宁日报》，2024 年 11 月 13 日。

［2］高铭、王莹、刘思远：《我国自主研制四座氢内燃飞机原型机在沈阳完成首飞》，新华社，2024 年 1 月 30 日。

［3］马爱平：《打造新能源电动飞机研发"国家队"——记辽宁通用航空研究院新能源电动飞机研发创新团队》，《科技日报》，2021 年 8 月 31 日。

2017

中国国产大型客机 C919 首飞成功

据光明网消息，2017 年 5 月 5 日下午 2 点，上海浦东国际机场，我国拥有自主知识产权、具备国际水准的干线飞机 C919 大型客机在机场跑道准备起飞。该客机是继运−10 后我国第一款真正意义上的民航大飞机，意味着中国跻身美国、英国等少数能够自主制造大型客机的国家行列，中国民航的新时代正式开启。

吴光辉

永不放弃，

航空报国！

吴光辉

吴光辉：领航中国航空，铸就 C919 辉煌

2023 年 5 月 28 日，中国东方航空使用全球首架交付的 C919 大型客机执行了首次商业载客飞行任务，从上海虹桥机场飞抵北京首都机场，国产大飞机 C919 完成商业首航。作为 C919 大型客机总设计师的吴光辉也是本次航班的乘客之一。他说："我觉得这是一场圆梦之旅，圆了我们大飞机人几十年的梦想。"

为了更深入地理解大飞机的每一个细节，从 2013 年开始，53 岁的吴光辉利用周末和节假日的时间在襄阳学习飞行，并最终获得了飞行驾照和商用驾驶员飞机执照。直到 C919 首飞之后，人们才惊讶地发现，那位"驾驶着有些年头的车辆，来学飞机的平凡老人"竟是 C919 的总设计师。

吴光辉，一个从小热爱无线电、立志"设计属于我们自己的飞机"的人，为了中国大飞机能够翱翔蓝天，始终坚守初心，不断追梦。他坚定地表示："未来，我们仍有诸多工作等待完成，要让 C919 飞得更好，吸引更多乘客选择乘坐我们的大飞机。"

潜心攻克 C919，53 岁学开飞机

为什么要做大飞机？吴光辉给出了明确的答案："一是国家战略的需要，让中国大飞机翱翔蓝天是我们的梦想；二是满足人民出行的需要，航空已成为大众出行的主要选择之一；三是科技进步的需要，大型客机被称为现代工业的皇冠，涉及众多的基础学科和技术发展创新；四是产业拉动的需要，民航客机制造涉及

数百万个零件，上下游产业链长，有巨大的拉动作用；五是促进经济发展的需要，预计 10 年后效益产出比为 1∶80，就业带动比 1∶12，经济效益明显。"

2007 年，C919 大型客机项目立项，次年，吴光辉受命担任 C919 大型客机总设计师。他深知这一任务的艰巨与重要，也明

白自己肩上的责任与使命。经过 10 余年的攻坚克难，C919 大型客机终于在 2022 年 9 月 29 日获得了中国民航局颁发的型号合格证。这一里程碑式的成就，标志着我国首次走完了大型客机设计、制造、试验、试飞及适航取证全过程，具备了按照国际通行适航标准研制大型客机的能力。

在 C919 的研制过程中，研发团队面临了无数挑战，但吴光辉和他的团队始终坚守初心，潜心钻研。他们攻克了大型客机气动、结构、新材料应用等关键技术难题，建立了民机正向设计体系，走出了一条完全自主的民机研制正向设计之路。吴光辉常说："要想设计好飞机，设计师就应该学会开飞机。"飞行经历让他更深入地理解了飞行员的需求，也让他在设计 C919 时更加注重飞行员的感受，使飞机更"好飞"。

2017 年 5 月 5 日，C919 大型客机在上海浦东机场圆满完成第一趟蓝天之旅。那一刻，吴光辉的心与飞机紧紧相连。他回忆说："当时大家还在找飞机在哪里，我已经看到了。"这不仅仅是一种心灵感应，更是他对 C919 每一个细节的深深烙印。首飞的成功，是对吴光辉和他的团队最好的回报。

但成功的背后，是无尽的付出与坚持。在 C919 首飞前的半年时间，吴光辉每天工作到凌晨已是常态，他与其他科研人员一同住在了倒班宿舍。为了解决一些关键核心问题，他甚至亲自参与试飞，与 C919 试飞团队一起登上飞机，执行全程的飞行任务。这种身先士卒的精神，深深感染了团队的每一个人。

吴光辉还透露，大飞机研发团队有一个"611"工作模式，即一个星期工作 6 天，每天工作 11 小时。在关键工作上，更是 7 天 24 小时运转，工作人员进行倒班。这种高强度的工作模式，确保了 C919 研制的顺利进行。

经过 10 余年的努力，C919 大型客机终于获得了中国民航局的型号合格证。吴光辉在欣慰的同时，也并未满足。他说："起飞那一瞬间，我才觉得有点累了。但我的愿望是，要让 C919 越飞越好，让更多的乘客选择乘坐我们的大飞机。"这句话，不仅承载着他对大飞机事业的追求与挚爱，也凝结着他为此长期不懈的付出和坚持。

机会总是留给有准备的人

1960 年，吴光辉在湖北武汉出生。1977 年，他高中毕业下乡，成为蔡甸的一名知青。在那段艰苦的日子里，他每天都要干农活，还在公路、排灌站上当过民工。即便在准备高考复习期间，他也没有中断过农活，甚至在高考的头一天还在地里劳作。凭借着在中学打下的坚实基础，他成功考入了南京航空学院。

这段经历让吴光辉记忆深刻。他坦言，干农活来不得半点虚假，跟做航空一样，一旦虚假就容易出现安全事故。如果农活一虚，地里就不长庄稼，或者产量就不高。因此，这里朴实的文化和人文环境，为他的后续工作打下了坚实的基础，也让他在为人处世方面学到了很多。

成就奉献

2003 年　国防科学技术进步奖 一等奖
2006 年　军队科学技术进步奖 一等奖
2010 年　国家科学技术进步奖 特等奖
2011 年　上海市科学技术进步奖 二等奖
2017 年　航空航天月桂奖——月桂风云奖
2023 年　上海市科技功臣奖

高中时期，吴光辉就对无线电产生了浓厚的兴趣，还自己动手组装了一台收音机。上大学时，这台收音机竟然还能收到英语广播。"我每天都听两个小时英语教学节目，所以这个手艺还给我带来了额外的'收益'，慢慢英语也练好了。"吴光辉回忆道。

提及当年填报志愿的场景，吴光辉至今仍有些开心。他说："当年百万人参加考试，先高考，后通知体检。我清楚地记得，收到体检通知书的那天，正好是农历正月十五元宵节。体检通知书落款写的是南京航空学院，我心里的一块石头终于落了地！"当时上大学是先录取后填专业，吴光辉顾不上过节，揣着通知书骑上自行车就向城里飞奔而去，和亲戚一起研究专业、选专业。最终，他选择了飞机设计作为自己的第一志愿专业，希望将来能够成为总设计师，设计属于自己的飞机。

从南航毕业后，吴光辉被分配到了西安远郊的航空工业部603所担任技术员。当时国家的航空业发展不景气，603所的科研、生活条件十分艰苦，很多人选择了离开。然而，吴光辉却淡然地说："因为我们一直有型号任务，忙了也想不到别的，总觉得自己有事可做，很幸福了。"

在603所，吴光辉踏实肯干、刻苦钻研，逐渐显现出了在专业领域的优势。在某型号飞机的研制过程中，他负责计算整机的运算、燃油消耗等造成的飞机重心变化的一系列数据。他全力投入，测算出了飞机的15种典型状态，并亲自绘制出了飞机重心的变化曲线。

机会总是留给有准备的人。当时603所正在开展气动力项目，涉及一些关键技术攻关。凭着良好的技术积累，吴光辉完成了某型号整机关于重量部分的计算。他的这一研究成果很快被应用于项目中，成为他第一个通过计算机完全独立做出的研究成果。负责人看了技术报告后既欣喜又诧异，欣喜的是所里有这么踏实能干的年轻人，诧异的是这位年轻人在如此艰苦的条件下却能"沉"得下去。

正是这份"沉"得下去的精神，让吴光辉在航空事业中不断取得新的成就。从2006年起，他先后担任第一飞机设计研究院（原603所）的院长等重要职务，并参与了多个型号军、民飞机的设计工作。其中，他作为中国首款喷气支线客机的总设计师，

为 ARJ21 的成功研制做出了重要贡献。40 多年来，吴光辉一直
坚守在飞机设计与研发第一线，用智慧和汗水书写着中国航空事
业的辉煌篇章。

让大飞机能够成为国际一流供应商

国家为推进大飞机项目，于 2008 年成立了中国商飞公司，

院士信息

姓　　名：吴光辉
民　　族：汉族
籍　　贯：湖北省武汉市
出生年月：1960 年 2 月

当选信息：2017 年当选中国工程院院士
学　　部：机械与运载工程学部

院士简介

　　吴光辉，飞机设计领域专家，主要从事飞机设计研究。1982 年 1 月毕业于南京航空学院，获学士学位，2009 年 1 月获北京航空航天大学博士学位。

肩负起了让大飞机跻身国际一流供应商行列的使命。对吴光辉而言，与航空结缘是一种乐趣，投身航空是一种责任，而振兴航空则是一种使命。

2024 年 9 月 19 日，CZ3539 航班从广州白云国际机场腾空而起，标志着中国南方航空的首架 C919 飞机正式投入商业运营。至此，中国三大航空公司已悉数开启国产大飞机的商业运营新篇章。2025 年 1 月 1 日，东航使用 C919 执飞香港—上海虹桥的定期航班。截至 2025 年 1 月 10 日，已有 16 架 C919 飞机交付客户，累计安全运营 2 万小时，通航航线 16 条，载客超过 100 万人次，平均客座率高达 86%。

吴光辉透露，在 C919 的研发制造过程中，国内共有 24 个省市、1000 余家企事业单位、近 30 万人参与攻关，全球 23 个国家和地区的 500 多家供应商参与协作。

"大飞机不仅带动了国内的航空工业发展，也促进了全球航空工业的繁荣。"吴光辉表示。在最新的 C929 宽体客机的研发过程中，将有更多国际产品和技术融入其中。C919 的研发和运行是畅通国内国际双循环的典型探索。

吴光辉预计，未来 20 年全球将交付 4 万多架新机，价值高达 6 万亿美元，其中我国新交付的飞机数量将超 9000 架，我国正逐步成为全球最大的民用飞机市场。

谈及国产大飞机的未来研发，吴光辉表示，中国商飞十多年的发展历程铸就了"航空强国、四个长期（长期奋斗、长期攻关、

长期吃苦、长期奉献）、永不放弃"的大飞机创业精神。他强调，高新技术是讨不来、要不来的，必须加快实现高水平科技自立自强。尽管如今的工作和生活条件有所改善，但科研生产一线的条件仍较为艰苦。科研工作是一项艰辛的事业，需要不断发扬大飞机创业精神，在新时代大飞机事业的新长征路上持续奋进。

吴光辉认为，未来民用飞机将朝着可持续驱动的方向发展，要求飞机更环保、更舒适，并进一步降低成本。

参考资料

［1］史伟：《C919 总设计师吴光辉的"武汉航线"》，《长江日报》，2024 年 3 月 22 日。

［2］未注明：《"科技功臣"吴光辉：为了更好地设计飞机，53 岁还去学开飞机！要让中国大飞机越飞越好》，《新闻晨报》，2023 年 10 月 23 日。

［3］俞陶然：《C919 大飞机总设计师吴光辉获"科技功臣奖"，听他讲述梦想成真的历程》，上观新闻，2024 年 10 月 23 日。

［4］沈湫莎：《上海市科技功臣奖吴光辉：逐梦 46 年，让中国大飞机翱翔蓝天》，上海科技，2024 年 10 月 23 日。

2018

港珠澳大桥正式全线贯通

　　据中国日报网消息，2018 年 10 月 24 日，世界上最长的跨海大桥——港珠澳大桥正式通车运营。港珠澳大桥跨越伶仃洋，东接香港特别行政区，西接广东省珠海市和澳门特别行政区，总长约 55 公里，是"一国两制"下粤港澳三地首次合作共建的超大型跨海交通工程。

林 鸣

　　每一次都是第一次，就是要未雨绸缪；每一次都是第一次，就是要警钟长鸣；每一次都是第一次，就是要不懈追求；每一次都是第一次，就是要坚守初心。

林鸣：深海"穿针"造就世界级工程

从珠海市东南部的拱北口岸，远眺港珠澳大桥，这条全长约55公里的跨海巨龙横卧伶仃洋上，彰显着人类工程技术的新高度。作为世界上最长的跨海大桥之一，港珠澳大桥自2018年10月23日正式通车以来，便成为世界瞩目的焦点。

这座大桥不仅是长度上的冠军，还集成了桥梁、人工岛与海底隧道于一体的设计理念，其中海底隧道长达6.7公里，最深处位于海平面以下46米，刷新了多项世界纪录。其使用的钢材总量达到42万吨，相当于60座埃菲尔铁塔所用材料之和，充分展示了中国在大型基础设施建设方面的卓越成就。

港珠澳大桥的成功背后，是无数创新技术的支持。特别是海底沉管隧道部分，由林鸣领导的一支年轻团队克服重重困难，从初步勘探到最终完成复杂的技术挑战，每一步都凝聚着智慧与汗水。这不仅是一次技术上的飞跃，更是设计理念、施工方法及项目管理等多方面综合能力提升的体现。

通过港珠澳大桥项目的实施，中国不仅向世界展示了强大的工程实力，也为未来更多跨国界、跨海域的重大工程项目提供了宝贵的经验参考。这项伟大工程的成功，标志着中国在全球桥梁建设领域达到了新的高度。

深埋沉管隧道技术让大桥穿海底而过

　　港珠澳大桥的深埋沉管隧道技术，是连接中国香港、澳门及珠海三地的关键工程之一。2009年，这座举世瞩目的大桥正式动工。自2010年12月起，林鸣作为岛隧工程项目总经理与总工程师，带领数千名建设者在珠江口伶仃洋上开启了一段攀登世界工程技术高峰的创新之旅。

　　尽管中国当时已具备一定的桥梁建造能力，但对于这项旨在打造世界上最长跨海公路大桥的项目而言，最大的挑战在于如何在深海中构建一条长达6.7公里、连接两个人工岛的沉管隧道。这不仅是中国首次尝试，即便放眼全球，掌握此技术的国家亦屈指可数。

传统上的沉管隧道多采用浅埋方式，通常紧贴海床铺设。然而，由于伶仃洋海域每日都有重量超过万吨的船舶通行，使得浅埋方案无法满足安全要求，因此只能选择更具挑战性的深埋沉管方案。深埋意味着沉管需承受比浅埋大5倍以上的荷载量，这对每节沉管间的接头提出了极高的要求。一旦有任何一个接头出现问题，后果不堪设想。

面对来自世界各地的质疑声，林鸣和他的团队从零开始探索解决方案，并用两年多时间论证了可行性。最终确定的施工方案是：将5600余米长的沉管隧道分为33个单元，在岸上完成预制后，通过封门密封两端，利用拖轮将其运至约7海里外的指定位置，然后下放到水下50米深处进行对接安装。每节沉管长达180米，高4层楼，平均重达8万吨，相当于一艘重型航空母舰满载时的排水量。除了庞大的体积外，确保这些庞然大物能够在数十米深的海底准确无误地对接更是难上加难，每次安装都需要耗费数十小时的时间。而且，整个隧道的设计寿命为120年，"滴水不漏"成为必须达到的标准。

2013年5月，在第一节沉管安装过程中遇到了前所未有的困难。由于海底泥沙质地松软易淤积，导致实际位置比预期偏差了十几厘米。追求完美的林鸣，在连续工作80小时之后，再次组织人员清理现场并重新定位，又经过16个小时的努力才成功完成了安装任务。那段时间里，他几乎5天4夜没有合眼。

在接下来的4年里，林鸣团队经历了无数次的尝试和调整，才实现了所有沉管的精准对接。其中最为艰难的是第15节沉管的安装过程。受深槽水流变化以及台风等自然因素影响，这次安装历时156天，其间经历了3次浮运和两次回拖才最终完成。直到2017年5月2日清晨，随着最后一节沉管精准对接，港珠澳大桥沉管隧道终于实现了完美合龙。但此时的林鸣却显得异常紧张，因为他还在等待最后的精度测量结果。当得知偏差为 16 厘米时——虽然这一数值对于大多数工程来说已经足够理想，甚至得到了现场国内外专家的认可——林鸣仍坚持进行调整。经过 42 小时不间断的工作，最终将误差缩小到了不到 2.5 毫米，比初始值减少了几十倍之多。

港珠澳大桥岛隧工程 33 节沉管安装完成后，隧道内部实现了滴水不漏，这一成就在工程史上堪称奇迹。

自主创新　从"跟跑"变"领跑"

港珠澳大桥的成功建设，标志着中国在海洋工程领域取得了重大突破。但回想当初，港珠澳大桥是中国首次在外海环境下建造如此规模的沉管隧道，其高昂的成本、巨大的施工难度以及高风险性让许多公司望而却步。林鸣被任命为该项目的总经理和总工程师后，面临的挑战极为严峻。

成就奉献

2007 年　国家科学技术进步奖 二等奖
2008 年　国家科学技术进步奖 二等奖
2016 年　中国航海学会科学技术奖 特等奖
2017 年　中国航海学会科学技术奖 特等奖
2019 年　中国航海学会科学技术奖 特等奖
2022 年　何梁何利基金科学与技术成就奖

"可以说是从零开始，从零跨越。"林鸣回忆道，当时全国所有的沉管隧道加起来也不到 4 公里长。

为了寻求解决方案，2007 年林鸣带领团队前往世界各地考察学习。当时

全球仅有两条超过 3 公里的海底隧道：欧洲的厄勒海峡大桥隧道和韩国的巨加跨海大桥隧道。遗憾的是，韩国方面拒绝了近距离参观请求，林鸣等人只能通过租用旅游船，在距离 300 米外的地方拍照记录。

面对技术封锁，林鸣和他的团队决定自主研发核心技术。经过 8 年的不懈努力，他们在港珠澳大桥项目中创造了一系列"第一"，成功实现了从"跟跑"到"领跑"的转变。其中的关键技术创新包括：

复合地基 + 组合基床技术。针对沉降问题，创新采用"抛石夯平 + 碎石整平"的垫层设计，并配合先进的监测系统，大幅提升了基础施工的质量与精度。最终，隧道平均沉降控制在 7.4 厘米内，达到了世界领先水平。

工厂化预制技术。开发出一套完整的流水线生产体系，结合大型自动化液压模板、混凝土全断面浇筑及控裂等技术，实现了超大型混凝土构件的高效工业化制造。这种做法不仅保证了沉管的质量，还显著提高了施工效率。

半刚性沉管结构。鉴于传统刚性和柔性结构无法满足深埋条

件，林鸣团队提出了半刚性沉管的新概念，并开发了永久预应力体系和基于材料断裂力学特性的"记忆接头"。这项创新得到了国际同行的高度认可，成为继刚性和柔性之后的第三种结构选择。

新型合龙方法。传统的水下安装模板法耗时且风险高，林鸣团队发明了一种具有折叠结构和主动止水功能的合龙新技术，成功解决了这些问题，大大缩短了工期并降低了施工风险。

这些创新技术不仅在港珠澳大桥建设过程中发挥了关键作

院士信息

姓　　名：林鸣

民　　族：汉族

籍　　贯：江苏省 南京市

出生年月：1957 年 10 月

当选信息：2021 年当选中国工程院院士

学　　部：土木、水利与建筑工程学部

院士简介

　　林鸣，桥隧领域施工技术与工程管理专家，主要从事桥隧及海工工程领域技术与工程管理研究。1981 年毕业于东南大学。

用，也为中国的桥梁建设和基础工程建设提供了强有力的支持。林鸣及其团队的努力证明了中国有能力克服复杂环境下的世界级难题，展现了国家在工程技术领域的卓越实力。

桥梁建设领域的领航者与不懈追求者

1957 年，林鸣出生于江苏。在那个特殊年代，他的家庭如同众多工人家庭一样，经历了被下放到农村的艰辛岁月。在那简陋的茅草棚里，林鸣的父母虽身处逆境，却始终将教育视为子女未来的希望之光。他们不仅四处搜集报纸、书籍，供孩子们阅读学习，还常常在夜晚举办家庭读书会，这样的氛围潜移默化地影响了林鸣，为他日后的成长奠定了坚实的基础。

1977 年，中国恢复高考制度，给无数青年带来了改变命运的机会。正在县化肥厂担任技术工人的林鸣，听到这一消息后，毅然决然地选择了辞职备考。他凭借着坚定的信念和不懈的努力，成功考入南京交通高等专科学校港口水工建筑专业，从此踏上了交通建设的广阔舞台。

林鸣的职业生涯充满了挑战与荣耀。2000 年，他负责建设了中国当时第一大跨径悬索桥——润扬大桥。在施工过程中，面对长江与基坑之间的土堤可能带来的巨大风险，林鸣没有退缩，而是选择深入施工现场，与工人们并肩作战，共同攻克了一个又一个技术难关。润扬大桥的成功通车，不仅彰显了林鸣的卓越才能和坚定信念，也让他赢得了"定海神针"的美誉。

在港珠澳大桥的建设过程中，林鸣更是展现出了非凡的领导力和技术实力。他带领团队攻克了一系列世界级工程技术难题，为大桥的顺利建成立下了赫赫战功。同时，他还注重人才培养和技术创新，为未来类似项目的实施积累了宝贵经验。林鸣始终坚信："人生只有一个标准，只有一种态度，那就是不断奔跑，把每件事做好。"这种精神不仅体现在他的职业生涯中，更贯穿了他的整个人生。

如今，林鸣再次率领团队，向新的目标——悬浮隧道技术的研发和应用挺进。他决心在工程科学理论、关键技术及施工装备等方面进行突破创新，为悬浮隧道的技术研发和安全服役提供有力支撑。展望未来，林鸣对我国桥梁领域的科研人员和建设者充满了信心。他相信，在大家的共同努力下，中国桥梁建设将继续秉持逢山开路、遇水架桥的奋斗精神，架起更多体现中国综合国力和自主创新能力的"圆梦桥"，为民族复兴的道路上增添更加亮丽的风景。

林鸣的故事，不仅是个人奋斗的传奇，更是中国工程技术不断进步的生动写照，是激励后人不断前行的宝贵财富和力量源泉。

参考资料

［1］林鸣：《林鸣：中国桥梁技术——把天堑变通途》，《人民日报》，2022 年 6 月 28 日。

［2］林莉：《林鸣：十年为一桥，搏命港珠澳》，《科技日报》，2018年10月23日。

［3］肖勇：《林鸣：深海"穿针"造就世界级工程》，《广东科技报》，2018年11月2日。

［4］上海交通大学船建学院：《林鸣：天桥辟路，心梦成途》，上海交通大学新闻学术网，2018年12月13日。

［5］卓映紫：《中国工程院院士林鸣：深海"穿针"造就世界级工程》，《广东科技报》，2023年3月24日。

［6］未注明：《林鸣：天桥辟路，心梦成途》，人民日报客户端，2023年1月17日。

2019

万吨级大型驱逐舰首舰"南昌舰"按期交付

　　据《青岛日报》报道，2019 年 4 月，在青岛外海，庆祝人民海军成立 70 周年海上阅兵活动现场，"南昌舰"作为水面舰艇"排头兵"接受检阅。"南昌舰"是我国自主研制的 055 型导弹驱逐舰首舰，是海军新质作战力量的典型代表。

徐 青

徐青为海军从近海防御向远海防卫的战略转型装备建设做出重大贡献。

徐青：蓝海筑梦，舰指深蓝

舰艇研制事业于徐青，是一项"只要你用心去发现它，它就会向你展现其博大精深、神奇魅力的工作"。作为中国海军首艘万吨级大型驱逐舰的总设计师，他在 2017 年 6 月 28 日见证了该舰的成功下水。这艘排水量超过一万吨的巨舰，成为人民海军历史上装备的最大驱逐舰，标志着我国海军从近海防御向远海防卫的战略转型迈出了关键一步。

40 多年来，徐青一直从事作战舰艇总体研究设计，在舰船总体设计、联合推进和作战系统集成技术领域取得了开拓性创新成果，对提升我国海军装备体系建设、赶超世界先进水平、实现驱护舰的跨代发展做出了重大贡献。

徐青将先进技术与美学理念结合，使舰船不仅具备强大作战能力，更成为凝聚设计师智慧和想象力的艺术品。他视舰船总体设计为艺术，通过建筑造型和色彩美学的应用，打造出仿佛海上流动乐章的舰艇，传承海军传统文化，使每艘舰船不仅是威武的作战装备，更是艺术的体现。

徐青和他的团队所设计的不仅仅是船舶，更是筑起了一片"流动的国土""漂浮的城市"，形成了战斗的堡垒，扮演着和平使者，履行着"保卫国家安全、维护世界和平"的光荣使命。

逐梦船舶

1960 年，徐青出生于湖北武汉。长江边上，各种船舶往来交

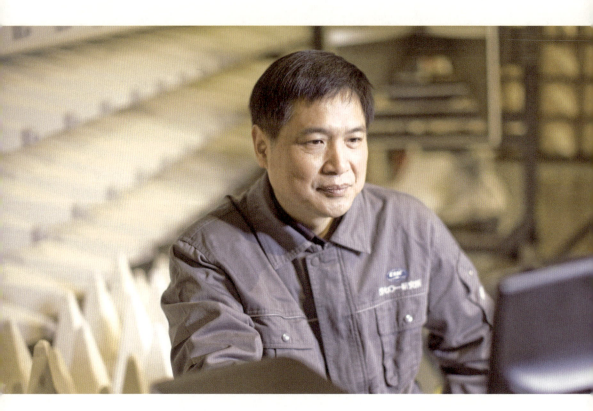

织。他喜爱长江边的生活，常常背着画板去采风画画，设计师的优良基因伴随着春风沐雨萌芽成长。在这样的环境中，徐青对船舶产生了浓厚的兴趣，为他日后的船舶设计之路埋下了伏笔。

　　1978年，徐青考入上海交通大学机械工程系液压传动专业。在交大的学习生活紧张而充实，培养了他的学习方法和思维能力。当时的学习条件较为艰苦，教材不正规，很多都是油印的或者外国人编的书。但徐青适应了这种学习节奏，他从高中重点班出来，早已养成自觉学习的习惯。在交大，他不仅学到了专业知识，还深刻体会到学习是一件艰苦的事情，但只要有好的学习氛围和激励，就能激发学习的动力。徐青以自己担任学生干部为例，说明了外界的荣誉和光环能对人产生激励，从而努力学习。毕业后，徐青进入被誉为"战舰摇篮"的第701研究所，开启了船舶设计生涯。

在工作中，他不断学习成长，虚心请教、身体力行，用言行去感染人。他将最困难的部分留给自己，边学边成长。这种勇于担当的精神为他之后主持运筹一个又一个国防重大工程设计产品，创下一个又一个纪录，埋下了坚实伏笔。

1996年，36岁的徐青担任总设计师，主持设计中国首艘大型试验船——993综合试验船。该船需完成多项苛刻试验任务，为满足要求，船上需设直径6米多的深井，但这导致航行阻力大、稳定性差，且各项试验间存在矛盾，设计挑战巨大。

面对困境，徐青团队未放弃，尝试多种方法均告失败。一次偶然中，徐青受滤茶漏斗启发，设计出顺流镂空盖，有效减小阻力，避免了船在航行中的海豚运动，此设计被誉为"徐青盖"。此后，团队又攻克特殊结构、电磁兼容、噪声隔离、钛合金导流罩透声等关键技术难题，成功完成993综合试验船的设计。

1999年，综合试验船成功研制并交付使用。2002年5月7日，北方航空公司的麦道客机CJ6136航班在大连附近海域失事，在众多搜索黑匣子的船只中，993综合试验船凭借其强大的性能率先定位失事飞机的黑匣子，为分析飞机失事原因立下了头功。

筑起一片"流动的国土"

在国际上，舰艇被视为流动的国家领土，它们仅遵守本国的法律和公认的国际法。一句掷地有声的"舰艇开到哪里，哪里就是我们的国家"，深刻揭示了舰艇对于一个国家的重要性。

为了强化这片"流动的国土"，徐青深刻认识到舰船总体设计作为"重要的关键环节"的分量。舰船总体设计是一门综合性极强的学科，融合了总体布置、建筑美学、航行性能、结构、材料、动力、电力、电子、武器等多个领域的知识，并触及图形学、水动力学、结构力学、机械学、电磁学、信息学、战术学、人因工程学等多个学科。

2000 年，徐青任某型护卫舰总设计师。他率团队以系统工程方法，创新提出船体隐身构型，集成上层建筑与射频设备，规划资源，使上层建筑外观简洁、隐身性好且作战能力提升，解决了多项矛盾，推动我国水面舰船隐身技术设计体系初成。

徐青及其团队在研制中取得了多项技术突破，如反导导弹热垂直发射与火箭助飞鱼雷垂直发射。前者导弹箱内点火自离箱，后者扩大鱼雷攻击范围，使护卫舰作战与适应能力更加先进。该舰性能优，获国家科技进步一等奖并批量建造。服役后，在亚丁湾护航、利比亚撤侨等任务中表现卓越，国际市场亦获赞誉，是我国海军现代化建设重要里程碑。

随着我国综合国力的不断提升，海军装备也在不断升级。首型万吨级驱逐舰的研制成功，标志着我国海军装备体系建设的重大跨越，对于赶超世界先进水平具有重要意义。

在首型万吨级驱逐舰的研制中，徐青及其团队展示了他们在舰船设计与作战系统集成方面的深厚功底。他们攻克了整体设计、信息集成及总装建造等难题，成功研发出 055 大驱。该舰采用高信息化和良好隐形性能的共形设

成就奉献

2023 年　全国创新争先奖状
2024 年　上海交通大学睿远科技大奖
　　　　　海洋工程与海洋科学奖

计，在雷达隐身、电磁兼容性等方面取得了突破。055大驱配备了构建远中近三层预警防御网的武器系统和拖曳线阵声呐，增强了反潜能力。进攻武器包括新型防空、反导、反舰、反潜装备，以及高度集成的信息模块，确保快速反应。动力系统表现出色，提供强大续航力和优秀航行性能，使055大驱能在全球海域自由行动。

徐青在同事间有两个响亮的绰号：一个是"问题大王"，因为他总是善于思考、刨根问底；另一个是"拼命三郎"，因为他工作起来不分昼夜，只要遇到问题，就会立刻着手解决。"这样一份事业，虽然工作辛苦、待遇不高，但我们拼的就是一种情怀。"这句话不仅是他个人的心声，更是他和他的团队在国防事业中无私奉献、坚定信念的真实写照。

2019年4月23日，055大驱首舰"南昌"号（舰舷号101）参加了庆祝人民海军成立70周年海上阅兵。该舰的入列，标志着海军驱逐舰实现了由第三代向第四代的跨越，也标志着我国在舰船设计领域取得了新的辉煌成就。

为国家的海洋事业努力奋斗

徐青的设计理念和技术创新，为中国船舶设计领域树立了新的标杆。他的成功经验为行业培养了大量的优秀人才，推动了中国船舶设计领域的持续发展。

"很多年轻人怕碰见我，和我一起干科研感到确实很累，要随时随地思考和解决我提出的各种各样的问题和工作方向。急起来甚至能在凌晨给他们打电话探讨问题，遇见我经常是要么中午吃饭的时间没了，要么晚上休息的时间没了。"徐青说。但事实上徐青又是很多年轻人再苦再累都愿意追随的导师。从他身上，

年轻人总能学到很多他们所看重的闪光点。

虽然平时很忙，徐青依然重视培养设计师团队。他介绍，团队里的人才梯队已经完善，而他将主要精力放在对年轻人的带动上。这支由他带领的设计师团队，潜移默化地有着与他一样的品格：对国防事业的荣誉感和责任感，善于从枯燥的工作中寻找快乐和追求价值的欲望和能力。

徐青向年轻人分享他作为总设计师几年间的感受，希望对他

院士信息

姓　　名：徐青
民　　族：汉族
籍　　贯：湖北省武汉市
出生年月：1960 年 10 月

当选信息：2019 年当选中国工程院院士
学　　部：机械与运载工程学部
　　　　　工程管理学部

院士简介

　　徐青，舰船工程专家，主要从事水面舰船设计研究。1982 年毕业于上海交通大学，获工学学士学位。

　　们有所启发。

　　首先，作为总师在技术上必须专业，虽然不必样样精通，但每一样都应有所了解和领悟，同时要有自己擅长的领域，即要"博而精"。此外，注重经验的积累也至关重要，这样在面对每个问题时才能有自己的见解，才能有决策的信心。

　　其次，身为总师必须具备想象力，也就是要有创意。总师的工作离不开总图和总说明书，这些都是各专业的总集成。只有运用跨界思维方法，才能产生创意，发挥想象力，并实现创新。

最后，作为一名总师，在管理上也应是行家，要具备人格魅力，善于组织与协调。因为总师需要带领一个团队，不能靠个人英雄主义，所以要有管理才能，才能把大家团结起来共同完成任务。现在的科技发展迅速，不是一个人能完成的，都是系统工程。徐青认为，他们从事的工程科研与陈景润研究数学不同，不是一个人就能解决难题的，需要许多人齐心协力才能完成同一目标。因此，作为总师要承受各种压力，不仅要关注自身的工作，还要考虑到方方面面的人和事，进行统一协调。

此外，徐青还激励更多的年轻人投身于船舶设计这一国防事业中来，"上次利比亚撤侨，我们的一艘护卫舰就在那里保护着我们租借的游轮，游轮上的华人华侨看到舰上的五星红旗时都热泪盈眶。我们的舰在那里，谁敢动他们？知道了这些，我作为总设计师当然感到自豪，说明我们做的工作是有价值的，获得了大家的认可，这比任何奖项都来得实在。"

参考资料

［1］马德秀：《徐青：我的设计师生涯》，《思源·起航》，上海交通大学出版社，2013 年 9 月版。

［2］宋向坤：《船舶设计大师徐青：用发现美的眼睛去看工程设计》，《科学中国人》，2019 年 10 期。

2020

我国成功开发出 30 微米柔性可折叠玻璃

据光明网消息，2020 年，彭寿和他的团队在国内率先开发出 30 微米柔性可折叠玻璃，再创一项中国第一、世界领先的成果，形成了全国产化超薄柔性玻璃产业链。这一成果解决了关键原材料领域的"卡脖子"技术难题，保障了信息显示供应链和产业链安全。

彭 寿

　　彭寿——跑出中国玻璃"加速度"的领军者，他一路跑来，以科学家的精神拓展了企业家的情怀，通过创新转型挺起中国民族玻璃工业的脊梁。

彭寿：在玻璃世界点"砂"成金

进入 21 世纪，玻璃已经成为新兴领域的关键功能材料，广泛应用于信息显示、新能源、生物医药、航空航天等领域，受到全球关注。

我们普通用的 A4 打印纸，它的厚薄就是 0.12mm 左右，但彭寿做出的最薄玻璃，4 张摞在一起也只有一张 A4 打印纸的厚度。

2013 年以前，1.1mm 以下超薄乃至极薄玻璃技术和产品一直被国外垄断，彭寿带领研发团队由此开启艰难攻关。5 年后，厚度仅为 0.12mm 的世界最薄玻璃问世。此后，这一数据被彭寿研发团队一再改写。从 0.12mm 到 0.1mm，然后到 0.07mm，再到 0.05mm，最后自主研发生产出世界领先的 0.03mm 的柔性可折叠玻璃。

不断突破的背后，是彭寿带领研发团队夜以继日的攻关，也源于彭寿始终活跃在科研一线的前瞻判断和底线思维，"创新等不起、慢不得"。

40 年躬耕不辍，彭寿在玻璃新材料研发与产业化之间，画出了一道道完美的"微笑曲线"，让中国人在世界玻璃工业中站稳了脚跟。

玻璃世界的科技追梦人

在安徽省桐城市，桐城中学作为一所拥有 120 多年历史的名校，孕育了无数杰出人才，彭寿便是其中之一。在这里，"勉成国器"

的校训深深烙印在他的心中，激励着他不断前行，最终考入武汉理工大学，踏入了他无比热爱的"玻璃世界"。

中学时代对彭寿的影响深远，他埋下了一颗为国家、为未来发展贡献力量的种子。面对众多选择，他毅然决然地选择了科技之路，希望能在这一领域有所作为。大学期间，他不仅在学业上刻苦钻研，还积极参与跨栏等体育运动，将每一次跨越都视为对更高目标的追求。

1982年，彭寿以优异的成绩被分配到蚌埠玻璃工业设计研究院。报到当天，一位老专家的话深深触动了他。老专家指出，中国玻璃工业虽然取得了显著进步，但仍面临诸多技术难题，尤其是浮法玻璃技术中的关键难题亟待攻克。这番话像锤子一样敲打在彭寿的心上，激发了他为中国玻璃工业技术进步贡献力量的决心。

面对国外技术封锁和国内技术力量的薄弱，彭寿没有退缩。他带领团队迎难而上，无数个通宵达旦，攻关成了他们的家常便饭。经过数百次的热工实验，他们终于攻克了锡槽的物理化学稳定性这一制约中国浮法技术发展的技术难关。这一技术成果的应用，大大提高了中国浮法玻璃的质量，使中国浮法技术向国际化水平迈进了一大步。

然而，彭寿并没有止步于此。随着改革开放的深入，他看到了市场上大尺寸液晶电视的高昂价格，其中玻璃成本占比极高。这让他深感责任重大，暗下决心要发展中国自己的新玻璃技术，打造高端玻璃产品。

十年磨一剑，彭寿的坚持终于迎来了曙光。党的十八大提出了实施国家科技重大专项的战略决策，这更加坚定了他的信念。彭寿带领团队向国际巨头"亮剑"，决心要做就做第一。

面对国外技术封锁，彭寿带领团队攻克了浮法玻璃技术中的关键技术难题，显著提升了中国浮法玻璃的质量。特别是从 2013年起，他带领团队研发出厚度仅为 0.12mm 的世界最薄玻璃，并不断刷新这一纪录，最终达到 0.03mm 的柔性可折叠玻璃，实现了从"超薄"到"极薄"的跨越。

这些技术不仅改变了超薄玻璃技术的"世界版图"，还为中国电子信息产业带来了巨大的经济效益。仅进口产品售价降低一项，中国电子信息产业每年就受益数千万元。同时，这些技术也促进了国内超薄信息玻璃生产线的建设，产品在国内多家主流面板企业批量应用，为下游产业降低成本约 860 亿元，保障了国家电子信息显示产业的安全。

彭寿的坚持和努力，不仅推动了中国玻璃工业的技术进步，也大大满足了国内需求，降低了电视、手机、平板电脑等产品的价格，让科技发展的成果惠及了千家万户。

加快培育玻璃领域的新质生产力

2024年新年伊始，彭寿迎来了"双喜临门"：他所在的中建材玻璃新材料研究总院创新团队被授予"国家卓越工程师团队"称号；该院所属的德国阿旺西斯公司研发项目取得了最新进展——铜铟镓硒发电玻璃光电转化率提升至20.4%，再次刷新世界纪录。

成就奉献

2007 年	建筑材料科学技术奖 一等奖	
2010 年	光华工程科技奖工程奖	
2011 年	国家科学技术进步奖 二等奖	
2013 年	建筑材料科学技术奖 一等奖	
2013 年	国家科学技术进步奖 二等奖	
2015 年	何梁何利基金科学与技术创新奖	
2016 年	中华国际科学交流基金会杰出工程师奖	
2016 年	国家科学技术进步奖 二等奖	
2017 年	国家科学技术进步奖 二等奖	
2018 年	安徽省科学技术进步奖 一等奖	
2022 年	广东省科学技术进步奖 二等奖	
2023 年	国家技术发明奖 二等奖	
2023 年	中国专利优秀奖	

在彭寿看来，这些科研成果和人才培养上的佳绩，是科技创新之路上的新起点。"习近平总书记提出做好创新这篇大文章，推动新质生产力加快发展，为我们科研人员吹响了奋进的号角。"

加快培育新材料领域的新质生产力，是彭寿关注的焦点。他说："新质生产力的'新'就是要创新，材料科技工作者要时刻站在科技前沿、产业前沿，聚焦战略性新兴产业和未来产业，以新质生产力培育为导向，加快关键核心技术的攻关应用和成果转化，解决一批战略性、方向性、全局性的重大科技问题，高目标引领、高标准落实现代化产业体系建设，以新促质、向新而行，以'国之大材'夯实科技自立自强的根基。"

在玻璃行业，彭寿强调："我们更多地做一些战略性新兴产业支撑的材料，比如太阳能玻璃、柔性玻璃等，我们要围绕着'四个面向'做好转型。"作为国家级科研院所负责人，彭寿始终关注国家战略与科技前沿，带领团队在玻璃新材料研发、工程设计和产业化一线奋力打好关键核心技术攻坚战。

面向经济主战场，彭寿带领团队自主研发生产出了中国首片具有自主知识产权的 8.5 代 TFT-LCD 浮法玻璃基板，保障了万亿级大尺寸显示产业链、供应链的安全。2023 年，这一成果荣膺第 23 届"中国国际工业博览会大奖"。2024 年 6 月，"高世代 TFT-LCD 超薄浮法玻璃基板关键技术与装备"成果被授予国家技术发明二等奖。

着眼长远，彭寿不仅为推进高水平科技自立自强不遗余力，还为产业高质量发展蓄势聚能。2023 年 11 月 25 日，在彭寿和多位行业专家的推动下，中国建筑材料联合会、中国建材集团、蚌埠市人民政府共同发起成立了"中国玻璃谷"。

"集聚中国最优秀的玻璃企业、最顶尖的玻璃人才、最前沿的玻璃技术，致力在蚌埠打造国际先进、国内领先的玻璃新材料产业基地。"彭寿说。通过统筹科技创新、产业创新、业态创新，不断催生新产业、新业态、新模式，加强原创性、引领性科技攻关，"中国玻璃谷"将加快培育新材料领域更多的新质生产力。

　　"我们8.5代TFT-LCD浮法玻璃基板生产线就落户在安徽蚌埠,这是中国首条拥有自主知识产权的生产线。"彭寿说,"我们用这一技术生产的玻璃用于液晶显示,这种玻璃长期被国外封锁,虽然可以购买,但价格由他们决定。能生产出这块玻璃,是我们'玻璃人'的追求。从国家的'十三五'立项开始,现在终于实现了,由此我们在世界上液晶显示领域拥有了自己的话语权。"

院士信息

姓　　名：彭寿

民　　族：汉族

籍　　贯：安徽省 安庆市 桐城市

出生年月：1960 年 10 月

当选信息：2019 年当选中国工程院院士

学　　部：化工、冶金与材料工程学部
　　　　　工程管理学部

院士简介

　　彭寿，玻璃新材料专家，主要从事玻璃新材料科研、设计和产业化研究。2001 年毕业于武汉理工大学，获硕士学位。

将科技创新与产业发展相结合

　　材料作为人类生存不可或缺的物质基础，支撑着文明的进步与社会经济的发展。玻璃的演变正是材料创新的一个缩影。一代材料一代技术、一代材料一代装备，任何实体制造都是材料的系统集成。

　　彭寿指出，我国已成为材料大国，形成了全球门类最全、规模第一的材料产业体系，产业产值从 2010 年的 0.65 万亿元快速增长到 2023 年超 7 万亿元。然而，我国材料产业"大而不强"的问题依然突出。"当前，国际经济产业格局正在发生深刻改变。体系化提升我国材料产业的自立自强水平，是参与全球产业链优化与重构的重大课题，更是实现高水平科技自立自强的重要支撑。"

为解决这一挑战，彭院士认为核心在于建成一批国家战略科技力量。

"世界材料强国的竞争，比拼的是国家战略科技力量。"彭寿强调，只有建设一批敢于勇闯科技创新"无人区"、机制改革"深水区"的国家新型研发平台，才能在基础研究和应用基础研究过程中取得更多重大原始创新成果，在重大科技攻关中形成均势制衡或颠覆性突破，从而加速推动我国材料产业实现从自主向自立、自强的根本性转变。

尽管我国材料领域发表论文数和申请专利数居世界第一，但在材料科技推广力度和应用服务投入方面仍与西方发达国家存在差距。关键原因在于企业创新主体地位不够突出、科技成果转化能力不强。因此，彭寿提出需要培育应用导向的创新生态，坚持企业"出卷"，高校和科研机构"答卷"，国家战略与市场价值"阅卷"，加速构建以企业为主体、市场为导向、产学研用深度融合的技术创新体系。"当下首要解决的就是科技创新与产业发展相结合的问题，积极解决'卡脖子'问题，将论文写在祖国大地上，让创新成果和研究成果为现实问题的解决提供有力支持。"

政、产、学、研的有机结合是实现新质生产力发展的关键。企业要成为出题人，科研是答题人，产业发展是阅卷人。通过创新链、工程链和产业链的融合，用人才链赋能，用平台建设来支撑体系。

　　"作为科技工作者和创业者，要秉承实干精神，脚踏实地推动科技创新和产业发展，为国家的繁荣和进步做出实实在在的贡献。"彭寿说。

　　"人才是实现材料自立自强的基础。交叉融合正成为材料科学的重要特征，也成为科技创新的重要源泉。"彭寿建议面向全球从各领域、多学科选拔青年人才，在实践中培养一批充满创新活力的"青年科研人才""卓越工程师"。通过创新用人机制，大胆采用"揭榜挂帅"等激励机制，用事业激励人才，让人才成就事业，为我国材料自立自强厚植根基，加速推动材料产业实现根本性转变。

参考资料

　　[1]安徽新闻联播：《彭寿：在玻璃世界点"砂"成金》，中安在线，2024年10月6日。

［2］亢北望：《彭寿：加速推动材料产业实现根本性转变》，光明网，2024 年 7 月 2 日。

［3］陈曦：《彭寿代表：加快培育新材料领域新质生产力》，《科技日报》，2024 年 3 月 10 日。

［4］国资小新：《挺起中国民族玻璃工业脊梁　彭寿的故事》，国务院国资委新闻中心百度客户端，2019 年 1 月 4 日。

2021

"复兴号"高原内电双源动车组入藏运营

据《中国经济时报》报道，2021年6月25日，高原"绿巨人"复兴号驶出拉萨车站，奔向435公里外的"雪域江南"林芝，这意味着西藏首条电气化铁路正式运营。铁路促进了西藏经济社会发展，对改善民生、促进互联互通也具有重要意义。

卢春房

善于发现问题
勇于解决问题

卢春房
2018. 6. 15

卢春房：铁流奔涌创新潮

卢春房院士是一位实打实的铁路老兵，在铁路系统工作超过40年，先后担任原铁道部副部长、中国铁路总公司（现国铁集团）副总经理等职务。尤其值得一提的是，卢春房还是青藏铁路、京沪高铁建设总指挥部指挥长。青藏铁路是世界上海拔最高的高原铁路，京沪高铁是新中国成立以来投资规模最大的建设项目。他还组织了"复兴号"动车组从无到有的自主创新研发、高铁技术一体化自主创新，以及中国的高铁网建设等工作。

但卢春房对自己的定位则相对简单，只有3个字："铁路人"。

他这样解释这接地气的3个字：从工作内容上来说，他长期从事铁路建设管理和科技创新工作，2005年至2016年间是中国高速铁路建设的实际组织者，组织建设我国高铁路网骨架，组织高铁技术一体化自主创新，建立我国高铁设计标准体系，研制CRTS Ⅲ型板式无砟轨道系统，组织"复兴号"动车组研制和试验，实现自主化、简统化。

以铁路为业报效国家

卢春房于1956年5月，出生在河北省保定市蠡县的一个农村家庭。6岁开始上学，但从初中一直到高中，他都是在社办中学度过的。不过，他一直都很爱学习，学校校长很重视教学，还有几个教学水平高的老师经常给他特别指导，所以他学到了很多知识，文化基础打得较牢。

高中毕业后，卢春房参军进了铁道兵一师机械营，当了一名修理工。在部队里，他学会了土方机械的基本知识，也掌握了操作和修理这些机械的技能。更重要的是，他心里有了一种使命感，觉得自己是名"铁路人"，要为铁路事业做点事。

1977年，中国恢复高考，卢春房迎来了改变命运的机会。有两次重要的考试。第一次是在6月，铁道兵工程学院（现石家庄铁道大学）招生，部队推荐了他和其他31名战士去考试。卢春房考了满分，可是铁一师干部科觉得他成绩这么好，应该去地方大学，就没让他去铁道兵工程学院。第二次是12月的全国统一高考。铁一师组织了20多名战士参加，卢春房只复习了20天，但却是铁一师里考得最好的，最后被西南交通大学录取，学的是铁道工程专业。

当时，西南交通大学还在峨眉山脚下，离报国寺很近。在那里上学的时候，卢春房心里就想着要为国家的铁路事业努力，还写了"报国寺前图报国，峨眉山下扬剑眉"这样的

成就奉献

1991 年　国家质量奖
1997 年　中国铁道学会科学技术奖 三等奖
1998 年　中国建筑工程鲁班奖
2003 年　中国建筑工程鲁班奖
2004 年　全国企业管理现代化创新成果奖
2004 年　中国铁道学会科学技术奖 三等奖
2009 年　铁道部科学技术进步奖
2009 年　中国铁道学会科学技术奖 特等奖
2014 年　中国铁道学会科学技术奖 特等奖
2015 年　国家科学技术进步奖 特等奖
2016 年　中国铁道学会科学技术奖 特等奖
2019 年　中国铁道学会科学技术奖 一等奖
2020 年　中国铁道学会科学技术奖 特等奖

话，下决心要振兴中国的铁路。

大学毕业后，卢春房有两个选择，一个是留校继续学习，一个是回部队。他想都没想就决定回部队，因为他很感激铁道兵对他的培养，也感恩父母和家人一直以来的支持。他是那一年学校里唯一一个没填报考志愿和分配志愿的学生。

之后，卢春房就参与到兖石、大秦、京九、内昆铁路等众多铁路建设项目中。其中，青藏铁路和京沪高铁这两个项目让他印象特别深刻，也投入了很多心血。

青藏铁路建设过程中，面临高寒缺氧、多年冻土、生态脆弱三大难题。卢春房带着大家一起努力，他说："横下一条心，干好青藏线""青藏无小事，事事讲政治""丹心一片报祖国，微命三尺献高原"。他们从各个方面想办法，研究冻土怎么处理，怎么保证大家的健康，怎么保护生态环境，怎么把管理工作做好。在这将近4年的时间里，卢春房也有高原反应，但是他一次氧气都没吸过。他说："我当过兵，身体还行，意志也比较坚强，而且我就觉得当地人能在这儿生活，我们也能行。我是领导，得给大家带个好头，如果我总吸氧，大家肯定都得吸，但是当时氧气不够啊。"

2023年8月，卢春房又回到西藏，专门坐了一次青藏铁路的列车，从西宁坐到拉萨，一路上他看着窗外，想起了很多以前建设时候的事情，每到一个车站或者看到一座特别的桥，他就很激动地给旁边的人讲当时的故事。

卢春房经常说："干一行，爱一行，吆喝一行。"他常说，人生道路不是靠自己规划的，而是人民给了自己机会。他深感自己是同龄人中的幸运者，是改革开放的受益者，是社会巨变的见证者。他这一辈子都在铁路事业上努力奋斗，就是为了报效国家。

自主创新研发"复兴号"

　　卢春房作为高铁发展的主要组织者与推动者之一，完整经历了我国高铁引进、消化、吸收再到自主创新的历程，见证了各方齐心协力攻克技术难关的场景。

　　提及高铁典型技术与工程，他如数家珍。在不同地质与气候条件区域的难题攻克上成果斐然：京沪高铁解决了东部软土地面

院士信息

姓　　名：卢春房

民　　族：汉族

籍　　贯：河北省保定市蠡县

出生年月：1956 年 5 月

当选信息：2017 年当选中国工程院院士

学　　部：土木、水利与建筑工程学部
　　　　　工程管理学部

院士简介

　　卢春房，铁路工程技术和管理专家，主要从事铁路建设管理和交通技术研究。1982 年毕业于西南交通大学，获学士学位；2007 年毕业于清华大学，获硕士学位。

沉降；哈大高铁应对东北严寒地区路基冻胀溶沉并保障冬季运营；郑西高铁处理西北湿陷性黄土的地基稳定；海南环岛高铁化解热带地区高温潮湿及腐蚀威胁；兰新高铁攻克风沙和极干旱地区混凝土质量稳定性；郑万高铁解决岩溶地区隧道桥梁施工难题且实现智能化施工。桥梁建设方面，镇江五峰山大桥是世界第一座公铁两用悬索桥，主桥跨度达 1092 米。隧道领域，石家庄到太原间的太行山隧道长 27.8 公里，为世界最长高铁隧道。

卢春房表示，这些原创和技术或填补空白，或独一无二，让我国高铁已达成总体先进、部分领先的水平。而国际引领要求能把握技术发展方向与趋势，率先研究并应用新技术新产品，"复兴号"便是有力例证。"复兴号"从2012年开始研发，经方案设计、下线、京沪线运营等阶段，到2021年高原内电双源动力集中动车组开进西藏，已实现全国31个省（区、市）全面覆盖，有力推动了交通强国的建设，彰显了我国高铁技术发展的卓越成就与深远意义，也让中国高铁在世界舞台上愈发耀眼夺目，具备了更强的竞争力与影响力。

卢春房介绍，"复兴号"动车组的研制目标非常明确：对标世界最先进的高铁动车组，并确保不同制造商的产品能够实现互联互通和主要部件互换。早在2012年，铁道部（现中国国家铁路集团有限公司）就启动了"复兴号"动车组重大课题攻关，这是一个多部门联合的项目，充分利用了中国的体制优势。

在研发过程中，组织协调涉及多个单位的工作是一项巨大挑战。卢春房表示，有时候需要动用行政手段直接下达命令，同时需要结合经济激励和个人魅力来推动工作进展。"复兴号"的成功离不开参研企业的无私奉献，因为，总计约40~50亿元的研发资金中，除了国家资助的8亿元，其余均由企业自筹。尽管当时前景未明，但企业仍积极响应国家号召，全力支持项目推进。为了激发企业的积极性，卢春房承诺"复兴号"的知识产权将由各方共享，并且该车型将成为未来的主力车型。

研发团队夜以继日地工作，动员了成百上千的专业人员参与其中。他们克服了严寒酷暑等极端条件，展现了极高的敬业精神。最终，"复兴号"动车组不仅实现了大量核心技术的自主研发，还建立了以中国标准为主导的技术体系，在254项重要标准中，中国标准占比高达84%。所有基础软件、应用软件及核心硬件均为自主开发，中国具有完全的知识产权。

"复兴号"的故障率显著低于国际水平，仅为国际同类产品的 1/6 左右，体现了高水平的自主化成效。卢春房指出，低故障率是衡量自主化成效的重要指标之一。

展望未来，卢春房对中国高铁继续保持领先地位充满信心。他说："我们有新型举国体制的支持，国铁集团具备担当精神、丰富的人才储备和技术经验，同时不断积累并分析大数据，这些都将助力我们实现新的突破。"

"高铁能自主创新成功，其他领域也可以"

在科技发展成为国家核心战略的当下，原始创新被赋予了前所未有的重要意义。卢春房深刻地认识到，高铁自主创新的成功经验，为其他产业领域突破技术瓶颈、摆脱被"卡脖子"的困境，提供了极具价值的借鉴范例。

在高铁的在技术装备发展进程中，国铁集团发挥牵头引领作用，汇聚全国各方力量展开科技攻关。遵循 "引进先进技术、联合设计生产、打造中国品牌" 的战略方针，以跻身世界一流水平为宏伟目标，细致梳理在列车控制系统、动车组技术、牵引供电技术、轨道技术等领域与世界先进国家的差距，精准锚定短板，从而明晰了攻关的方向，生动诠释了目标引领与问题导向的深刻内涵。

卢春房介绍，在此过程中，一方面充分吸收世界技术与文明发展的成果，另一方面始终坚守自主创新的底线。对于动车组等关键设备研发，采用引进、消化、吸收、再创新的策略，促使工艺、设计、制造水平显著提升，而核心技术则坚定不移地依靠自主创新来攻克。

卢春房认为，集中力量办大事，把举国体制与市场机制紧密融合，引导更多资源向科技创新领域倾斜，这一举措在当今时代依然有着不可替代的重要价值。尤为关键的是，在构建国家战略科技力量的布局中，要充分激发龙头企业的关键效能。国铁集团、华为等龙头企业已经在技术研发上展现出强烈的担当精神、巨大的投入力度和良好的研发基础，还应充分释放其全部潜力。科研机构与龙头企业应当建立深度融合、协同创新的合作模式，同时，积极整合国际、国内的科研资源，绝不能因外部压力而闭门造车，要在开放合作中提升我国的科技水平。

参考资料

[1] 裴剑飞：《院士卢春房：科技报国的铁路人》，《新京报》，2024年11月6日。

[2] 章剑锋：《卢春房院士：高铁能自主创新成功，其他领域也可以》，网易科技官网，2024年3月10日。

[3] 周音：《中国高铁最新版来了！"复兴号"动车组今将首发亮相》，中国新闻网，2017年6月26日。

2022

南水北调中线后续工程
——引江补汉工程正式开工

　　据新华社报道，2022 年 7 月 7 日，引江补汉工程正式开工。从长江三峡水库库区取水，穿山引水 194.8 公里，抵达丹江口水库下游的汉江安乐河口，引江补汉工程连接起三峡工程与南水北调工程两大"国之重器"，进一步打通长江向北方输水通道。

钮新强

人生一世要努力干成点事，
我愿用毕生心精力，为中国工程
科技创新贡献一点力量。

钮新强

2015年3月18日

钮新强：情系江河四十载

人们常说，远水难解近渴。然而，中国的南水北调工程却打破了这一传统观念，成功地将南方丰富的水资源引向北方干旱的土地，实现了资源的合理利用。

早在 1952 年，毛泽东主席曾说"南方水多，北方水少，如有可能，借点水来也是可以的"，第一次提出了南水北调的宏伟设想；长江委 1959 年编制的《长江流域综合利用规划要点报告》提出从长江上、中、下游分别调水的南水北调总体布局。

历经长达 50 年的规划与论证，2002 年，南水北调工程建设正式启动，钮新强开始主持其中线工程的设计工作。南水北调中线工程旨在解决北京、天津、河北等华北地区的水资源短缺问题，优化水资源配置。该工程起于湖北、河南两省交界的丹江口水库，途经河南、河北，最终流入北京和天津，总干渠长 1432 公里。2014 年 12 月，中线工程正式通水，10 年来累计向北方输水 687 亿立方米，极大地缓解了北方的水资源短缺问题，北京、天津、河北、河南沿线的百姓都受益于长江水的滋润。

钮新强是一位将所有心血和精力奉献给水利的专家。他始终坚定"水利利国、水利利民"的信念，将个人理想融入国家发展的伟大事业中。40 年多来，钮新强一直奋斗在水利第一线，主持和参与主持了 10 余项国家重大水利水电工程设计，用实干描绘出了一幅幅壮美的水利画卷。

"我最大的人生感悟就是'幸运'，能够一次次投身于国之重器的设计建设中。"钮新强感慨道。

国家水网建设立新功

　　南水北调中线工程是一项穿越江、淮、黄、海四大流域的巨型水利工程，规模宏大，线路绵长，不仅涉及社会、经济、环境和工程技术等多个方面，还具有地质和气候条件复杂、技术难度大、社会经济关系复杂等诸多特点。历经50余年，数千名勘测、

规划、设计、科研人员的心血和智慧共同铸就了今日的工程总体格局。在这一过程中，钮新强等专家发挥了关键作用。他主持了多项国家科技支撑计划项目，为南水北调中线工程创新设计、安全施工等提供了强大的理论和技术支撑。

　　面对丹江口大坝加高的巨大挑战，即在正常运行条件下的原

混凝土重力坝上加高14.6米，以增加库容116亿立方米，钮新强等专家提出了"后帮有限结合"加高结构设计新理论和方法。该方法在新老坝体结合面设置锚筋榫槽等确保二者之间能有效传力，同时也允许结合面有限张开以释放温度荷载，确保新老坝体联合承载，成功解决了这一技术难题。

穿越黄河的地下隧洞设计更是一项十分艰巨的关键任务。钮新强带领团队，通过详细的地质勘查和模拟实验，设计了两条长4250米的穿黄隧洞，提出"盾构隧洞预应力复合衬砌"新型输水隧洞，成功解决了隧洞穿越黄河的技术难题。穿黄隧洞不仅确保了水流的安全输送，还最大限度地减少了对黄河行洪安全、生态环境的影响。

此外膨胀土渠坡的稳定处理也是南水北调中线工程面临的世界级难题。膨胀土具有遇水膨胀、失水收缩的特性，反复胀缩会破坏土体结构，这给渠道建设带来了极大的难题。钮新强与技术团队通过大量的现场试验和理论研究，开发了一套适用于膨胀土渠坡的稳定处理技术。他们采用了土质改良、结构加固等综合方法，有效控制了膨胀土的变形，保障了渠道的安全运行。

钮新强和他的团队在沟渠中、隧道里、黄河岸奔走，将一个个技术难题逐一攻克。他们的努力不仅体现在南水北调中线工程的成功建设上，更体现在对工程精神的传承和发扬上。

2021年5月，习近平总书记在河南省南阳市调研时赞叹南水北调工程"建设过程高质高效，运行也很顺利。体现了中国速度、工匠精神、科学家精神"。这不仅是对南水北调中线工程全体建设者的肯定，也是对钮新强等几代科技工作者的高度赞誉。

此后，钮新强带领团队积极投身国家水网建设，南水北调后续工程高质量发展的首个重大项目——中线引江补汉工程。这个工程全长195公里，全程采用隧洞输水，线路长、埋深大、地质条件十分复杂，总工期约 9 年。截至目前，工程已全线开工，主洞已开挖 3.3 公里，沿线 21 条支洞掘进总计超 13.9 公里，各项工作进展顺利。

引江补汉工程建成之后，将连通三峡水库和丹江口水库，进一步完善国家水网，提高中线供水保障能力，并缓解汉江流域的生态环境压力。这不仅是对南水北调中线工程的进一步完善和补充，更是对国家水资源优化配置和生态文明建设的重要贡献。

三峡通航铸辉煌

万里长江起宏图。中学时期，钮新强就立志要当一名水利工程设计师。1979 年，他如愿考入华东水利学院（现河海大学）。大学毕业后，主动申请到长江委工作，积极投身长江治理、开发与保护的时代洪流中。

"我很幸运赶上了好时代。"钮新强回忆道。改革开放初期，百业待兴，三峡工程正处于论证决策阶段。从设计论证到建成运行，钮新强见证了峡江两岸的巨变。三峡工程兴建周期长，几代长江水利人接续奋斗，倾注了大量的智慧和热血。当历史的接力棒交到他这代人手上时，钮新强深感使命光荣、责任重大。

钮新强负责三峡三期工程设计，参与现场重点技术决策与协调。作为长江委前方枢纽设计代表处处长，他率领团队进行三峡五级船闸设计的技术攻关。三峡船闸是世界上规模最大、水头最高、技术最复杂的大型船闸。为攻克这一难题，国家组织了十多家科研院所联合攻关，钮新强也被派往美国陆军工程师兵团等机构考察学习。面对一系列技术挑战，钮新强与技术团队通过大量的研究，创造性地提出了"全衬砌式新型船闸"方案，创建了一整套设计理论、计算方法和技术体系。与传统重力式船闸相比，这一设计就节省了 840 万立方米的岩土开挖量，相当于三峡大坝坝基开挖量的 1.3 倍，使工程工期缩短了 9 个月。

三峡升船机是国内首座齿轮齿条爬升式升船机，提升高度达 113 米，提升总量达 15500 吨，远超世界同类型升船机。钮新强率领团队与国内科研院所、建造单位协同攻关，成功解决了机械设备与混凝土承重结构变形协调、大型齿条螺母柱精准安装等一系列世界级技术难题，形成了具有中国特色的水利水电工程齿轮齿条爬升式升船机成套技术，成为世界升船机工程建设技术发展的里程碑。

在三峡工程建设期间，钮新强高强度奔波于三峡工地与武汉之间，白天跑工地，晚上讨论图纸，重要工程部位的图纸都经过他的手，堆放起来足以装满一间办公室。

2015 年，美国陆军工程师兵团到长江设计院回访。工程师兵团司令托马斯·博斯蒂克中将对三峡船闸给予高度评价，他说："当初你们是来向我们学习的，但是 20 多年后，你们的技术已经超越了我们。"

"三峡工程是体现中国共产党领导下的创造性

成就奉献

2005 年　国家科学技术进步奖 二等奖
2008 年　国家科学技术进步奖 二等奖
2010 年　国家科学技术进步奖 二等奖
2010 年　湖北省科学技术进步奖 一等奖
2012 年　水力发电科学技术奖 特等奖
2014 年　湖北省科学技术突出贡献奖
2016 年　水力发电科学技术奖 特等奖
2017 年　全国创新争先奖状
2020 年　水力发电科学技术奖 特等奖
2020 年　中国航海学会科学技术奖 特等奖
2023 年　中国专利优秀奖

工程，是标志中华复兴的民族工程，是保障江河安澜的民心工程。"
钮新强深有感触。

长江生态慧答卷

"中华民族灿烂的文化历史，也是一部人与自然抗争的治水
史。"在钮新强心中，成为一名水利人，为国家的江河治理和水

院士信息

姓　　名：钮新强
民　　族：汉族
籍　　贯：浙江省 湖州市
出生年月：1962 年 7 月

———————————————

当选信息：2013 年当选中国工程院院士
学　　部：土木、水利与建筑工程学部

院士简介

　　钮新强，水工结构专家，主要从事水工结构工程与高坝通航等设计与研究。2005 年毕业于华中科技大学，获博士学位。

资源保护贡献力量，是一种无比自豪的使命。

　　回顾过去，钮新强和他的团队通过一系列重大技术创新和水利工程兴建，成功将那些曾经桀骜不驯、灾难频发的河流转变为岁岁安澜、造福百姓的福祉河。从跟跑、并跑到领跑，中国水利技术不断取得突破，钮新强感慨道，我们已经牢牢掌握了水利"大国重器"的核心技术。

　　在新的时代，钮新强和他的团队并没有停下脚步，他们肩负

起了更为艰巨的历史使命——复苏江河生态，创建人与自然和谐发展的美好环境。

尤其是长江这条中华民族的母亲河，不仅是我国水资源配置的战略水源地，也是推动长江经济带高质量发展的关键所在。钮新强深知保护长江的重要性，"我们要走生态优先、绿色发展之路，保护好长江最宝贵的生态财富，推动长江经济带高质量发展"。

早在2000年，面对汉口江滩无序开发、环境脏乱差的现状，钮新强就敏锐地意识到问题的严重性。他组织专家开展深入研究，提出了"还水于民，提升城市品位"的开发理念，这一理念最终被武汉市政府采纳。如今，汉口江滩已成为长江大保护岸线治理的示范工程，为武汉市民提供了休闲的亲水乐园，也提升了城市的整体形象。

"长江设计集团因治理与保护长江而成立，保护长江是我们的使命担当。"钮新强的话语中充满了责任感和使命感。近年来，为推动长江大保护战略落地，他带领长江设计集团，组建了一支专业技术团队，并建立了省部级研发平台。他们为沿江11个省市的200多座城市提供了高端咨询与勘察设计服务，帮助这些城市制订科学合理的规划方案。同时，他推动研究团队开展了对三峡等水库进行生态调度研究，通过科学调控水库水位和流量，为鱼类提供了更好的繁殖环境。在修建水利工程中，他们创新技术手段，用科技为长江大保护和生态修复赋能。

钮新强深知，长江生态的保护和修复，这是一项长期的艰巨任务。他坚定地说："让我们的母亲河永葆青春，世世代代滋润中华大地、哺育华夏儿女，还需要我们持之以恒的努力。作为一名新时代水利人，我更要践行初心、勇于担当，为强国建设和民族复兴伟业做出自己的贡献。"

参考资料

［1］陈曦：《钮新强：三十八载情系"母亲河"》，《科技日报》，2024年11月14日。

［2］湖北日报全媒记者黄中朝：《中国工程院院士、长江勘测规划设计研究院院长钮新强——一项设计，缩短三峡工程工期9个月》，《湖北日报》，2024年11月15日。

［3］王慧、韦凤年：《钮新强院士：南水北调关键技术突破对推动我国水利技术进步具有重要意义》，《中国水利杂志》，2019年第23期。

2023

我国建成全球最大、技术最先进的 60 万吨／年己内酰胺生产装置

据《青年报》报道，同济大学朱合华院士团队通过 20 余年工程数字化实践的积累，打造出的 IS3 数字底座已经迭代到 3.0 版本，目前已成功应用于交通、市政、能源、工业和民防等领域。

闵恩泽

经过近年的实践，我对技术创新过程的体会是：予测中、长期国民经济和社会发展对技术的需要；在科技发展的前沿，开展导向性基础研究去寻找技术创新所需的新科技知识；同时也要利用已有的认识和经验去形成技术创新的构思，然后去展开拓性探索去考察创新构思的技术可行性和经济合理性；如果成功，即可转入应用研究和试验，直至工业示范到工业化，形成具有自己知识产权的成套技术。

闵恩泽 1999年5月10日

闵恩泽：创新成就石化传奇

在我国科技发展的璀璨星空中，闵恩泽无疑是最为耀眼的恒星之一。他身兼中国科学院和中国工程院院士双重殊荣，因其卓越贡献被誉为"中国炼油催化剂之父"。

早期，国内炼油技术落后，闵恩泽凭借智慧与毅力，靠奋斗与探索精神，构建起中国特色的工业炼油催化剂生产技术体系。在全球激烈竞争中，国外技术封锁森严，他无畏无惧，率团队日夜拼搏，突破诸多瓶颈，开创先进工艺，推动我国石化从依赖走向引领，国际地位骤升。他敏锐洞察环保趋势，率先开启绿色化学研究，研发系列绿色工艺产品，引领化工行业绿色低碳转型，开启生态和谐、资源高效利用的崭新未来。

闵恩泽曾总结自己几十年的工作历程，他一生做了3类工作：满足国防急需和炼厂急需的工作，帮助石化企业摆脱困境的工作，以及基础性、战略性、长远性科技研发工作。

无论是国家需要、企业需求还是科研导向，闵恩泽从来都是兢兢业业、无怨无悔。面对技术难题挫折，他屡败屡战、永不言弃；面对利益诱惑干扰，他坚守初心，不为所动。他以实际行动诠释科技报国的崇高理想，其精神丰碑激励无数后来者在科技创新征途上砥砺前行、续写辉煌。

"国家需要什么，我就做什么"

"国家需求"这4个字，始终像一盏闪亮的明灯，照耀着闵

恩泽的创新之路。

1924 年，闵恩泽降生于四川成都红照壁街的一座宁静书香院落。自小，他便对知识充满热忱，扎实的书法与数学功底，为他开启了求知探索的大门。

青年时期的闵恩泽，在时代浪潮中果断抉择。彼时，农业大省四川却没有自己的化肥工业。他于 1942 年踏入重庆中央大学土木系后，在舅舅的支持下，大二转至化工系，矢志以所学解家乡燃眉之急。

1946 年，大学毕业后的闵恩泽在上海第一印染厂实习，彼时社会动荡，民生维艰，前路茫茫。1948 年，闵恩泽赴美深造，却因国际局势被困，直至 1955 年，已获化学博士学位、成家立业的他才不顾重重阻碍，毅然绕道香港回国。

当时，中美关系处于紧张时期，回国后的闵恩泽找了几个月工作，刚好北京石油炼制研究所正在筹建，四处招募人才，闵恩泽从这里开启了催化剂研究新篇章。

20 世纪 60 年代，风云突变，苏联切断催化剂供应，如果不及时生产出催化剂，将无法生产航空汽油。石油工业部决定在兰州炼油厂建设一座小球硅铝催化剂的生产厂，闵恩泽受命担任副总指挥。

"我心里很感动，没想到国家这么信任我！"当时我国的科研生产条件极为艰苦，物资匮乏，但能有一个机会为国家做贡献，他感到很知足，"国家需要什么，我就做什么。"

在接下来的几年里，闵恩泽带领团队攻关，克服重重困难，终于在小球硅铝催化剂还有两个月便告罄之际，顺利产出了合格的催化剂，保障了国防安全。

高强度科研损害了闵恩泽的健康，"兰炼会战"后，肺癌袭来，经过手术，他被摘除两叶肺与一根肋骨。

特殊时期，他每天交一篇催化剂研究总结，"研究催化剂犯过什么错误、遇到什么挫折、收获什么经验，有很多内容可写，他们收走也不吭声"。回首往昔，闵恩泽说，"55年前从美国回来是正确的选择，将一生与国家建设、人民需求相融，是我最大的幸福"。

北京化工大学教授李成岳曾参与闵恩泽主持的"环境友好石油化工催化化学与反应工程"。在共事过程中，李成岳强烈感受到闵恩泽那种"以天下为己任"的责任感，"为国家发展和民族振兴奋斗不息的献身精神在闵先生身上非常突出"。

"闵先生有一个非常鲜明的特点，那就是强烈的责任感。"从1984年与闵恩泽开始合作的原石科院学术委员会副主任、中国科学院院士何鸣元说，"搞科研的人往往强调兴趣，因为在自己有兴趣的领域才容易出成果。而闵先生则不同，他更强调社会需求，只要国家急需，他就研究什么，哪怕跨度再大，也不回避。"

石油化工领域的创新先锋

2005年，81岁的闵恩泽凭借"非晶态合金催化剂和磁稳定床反应工艺的创新与集成"项目荣获国家技术发明奖一等奖。这项被誉为石油化工领域"新式武器"的工艺，是闵恩泽和他的团队潜心20余年自主创新孕育出的成果。

闵恩泽一直极为关注创新，为了解国外大公司如何开展导向性基础研究，1980年，他邀请了美孚石油公司中心研究室主任访问北京。这位主任分享了美孚在分子筛领域保持技术领先的经验："工业催化剂基础研究的关键是开发新催化材料。"这次交流给闵恩泽一些启发，那就是只有开发新的催化材料才能研制出新催化剂，"就好比有了布料才能做出好的时装"。

基于这一理念，闵恩泽开展了广泛的新催化材料的研究，如非晶态合金作为催化剂的研究，并将其与磁稳定床反应器集成，开发了新的反应工艺。

经过 10 余年的攻关，闵恩泽和他的团队通过反复探索、研究和试验，成功制备出了热稳定性好、比表面积大的非晶态合金催化剂，攻克了非晶态合金做实用工业催化剂这一难题。他们发现，非晶态合金优异的低温加氢活性和磁性正好满足磁稳定床加氢新工艺的要求，与磁稳定床反应器优异的传质性能相结合，使磁稳定床反应器发挥其优越性。

最终，闵恩泽团队将非晶态合金催化剂与磁稳定床反应器应用于己内酰胺加氢精制过程，首次在国际上实现了工业化。通过对不同工艺流程的试验研究对比，与传统固定床反应工艺相比，该工艺大大提高了加氢产品的质量，降低了约 70% 的催化剂耗量，空速提高了 5 至 10 倍，反应器体积仅为同处理量常规反应器体积的 1/5。因此，这一创新具有环境友好、降低操作费用、减少投资成本的巨大效益。

总结自己的创新经验，闵恩泽强调：实现原

成就奉献

1978 年　全国科学大会奖
1985 年　国家科学技术进步奖 二等奖
1994 年　何梁何利基金科学与技术进步奖
1995 年　全国十大科技成就奖
2003 年　中国石化集团公司科技进步奖 一
　　　　等奖
2005 年　国家技术发明奖 一等奖
2007 年　国家最高科学技术奖
2011 年　创新方法研究会创新方法成就奖

始性创新的途径之一是把现有技术的科学知识基础转移到全新的科学知识基础上；自主创新分为原始创新、集成创新和消化吸收再创新三类；创新来自联想，而联想源于博学广识和集体智慧；创新还需要有精神力量作为支柱，克服挫折失败，坚持到底。对于闵恩泽来说，这个精神力量就是对国家和民族的责任感。

基于执着的创新精神和高度的责任感，20 世纪 90 年代以来，闵恩泽以 70 多岁的高龄转向绿色化学，致力绿色化学技术的研究。

院士信息

姓　　名：闵恩泽

民　　族：汉族

籍　　贯：四川省成都市

出生年月：1924 年 2 月

当选信息：1980 年当选中国科学院院士
　　　　　1994 年当选中国工程院院士

学　　部：化学部
　　　　　化工、冶金与材料工程学部

院士简介

　　闵恩泽，石油化工催化剂专家。1946 年毕业于中央大学化工系。1951 年获美国俄亥俄州立大学博士学位。1980 年当选为中国科学院院士，1993 年当选为第三世界科学院院士。

　　原子经济反应可以使所有原料转化到产品中，最多以水为副产物，保护环境，可持续发展；无毒无害的原料可以保证工人和社区的安全；生产的产品可以生物降解，回归自然。

甘为人梯的豁达胸怀

　　闵恩泽非常喜欢《敢问路在何方》这首歌。如果说"踏平坎坎成大道，斗罢艰险又出发"是他事业上不懈追求、笃行不怠的真实写照，那么"你挑着担，我牵着马"则用质朴的语言体现了他所提倡的各尽所能的团队精神。在他看来，科研工作不仅仅是个人成就的积累，更是团队协作的结果。

2008年1月8日，国家科学技术奖励大会在人民大会堂召开，闵恩泽荣获2007年度国家最高科学技术奖。面对这一崇高荣誉，闵恩泽谦虚地说，"我只是个上台领奖的代表，这个奖项是全国几代石化人集体智慧的结晶"。

闵恩泽的同事何鸣元回忆说："我和闵先生共事20多年了，从闵先生身上学到好多东西，其中最重要的是要做好科研首先要

做好一个人。"1984年，何鸣元从国外学习归来，正值石科院筹建基础研究部，闵恩泽让他担任主任，并教导他说："作为一个团队的领导，第一位是帮助别人出成果，而不是自己出成果。当团队头儿，就要学会吃亏，如果只想占便宜，就无法让大家心服口服。"

这种"吃亏"哲学影响深远，使得石科院始终保持着充分发挥每一个人，尤其是年轻人的积极性的优良传统。许多闵恩泽培养的年轻人已经成长为我国石化领域的科研骨干和学术带头人。

尽管闵恩泽性格恬淡、随和，但对待工作却非常严格，不容许任何马虎和敷衍。他的学生宗保宁回忆说："我写毕业论文时，闵先生对论文的写作层次、词句改了又改。两三万字的论文，硬是一遍遍地抄写，改了七八遍。"然而，即使如此严格，宗保宁仍感到和闵恩泽在一起搞科研没有任何拘束，非常放松、舒服。"因为老先生允许学生们对他说'NO'，只要你的思路合理、判断合情，闵老先生都会认真倾听。即使普通的科技人员跟闵先生讨论，闵先生也特别愿意，从不摆架子。所以在闵先生周围有一个很好的氛围，年轻人都愿意跟着闵先生做事。"

石油化工科学研究院原院长龙军评价闵恩泽："他的巨大贡献，不仅仅在于卓越的科研成果，更在于他带出了一支勇于攻关、善于团结、勤谨踏实的科研队伍，为石化研究储备了一个人才库。"闵恩泽不仅是一位杰出的科学家，更是一位优秀的导师和领导者，他的影响力远远超出了石油化工领域，已成为无数科研工作者学习的榜样。

参考资料

[1] 人民网采编团队：《国家最高科技奖获得者闵恩泽院士的创新之道》，

中华人民共和国科学技术部官网转载，2008 年 1 月 8 日。

　　［2］金振蓉：《闵恩泽——催化人生》，《光明日报》，2008 年 1 月 9 日。

　　［3］张晓华：《闵恩泽：点石成金，永不失活的催化人生》，中国科协之声光明科普，2023 年 4 月 27 日。

　　［4］黄辛：《悼念闵恩泽院士：孜孜不倦求创新》，《中国科学报》，2016 年 4 月 7 日。

致谢

　　回顾成书过程，除了院士们的帮助，还有龚国文、辛业芸、李民、周蒂、牛丰、姜琦、刘祖铭、陈朝晖、闫治国、杨军、励夏、王亚宏、王帅、曹燚、潘映雪、康桂文、苗强、陈立通、周治宇、秦旭升、马成贤、徐利福、谢文华、张勇、周世俊、付志浩、王薇、王慧林等人对本书给予了审读、供图等方面帮助，在此致以最诚恳的感谢！如有疏漏，还望海涵。